洪水概率预报理论与应用

梁忠民　钱名开　胡义明　等　著

科 学 出 版 社
北 京

内 容 简 介

本书首先系统介绍了洪水概率预报的概念、理论方法与研究进展，主要内容包括洪水概率预报作用、方法和评价指标体系，基于要素耦合途径的洪水概率预报方法，基于误差分析途径的洪水概率预报方法，实时洪水风险评估方法等；其次提供了诸多应用实例，以供读者参考。

本书适于水文、气象、农业、地理、生态环境、交通、国土资源等领域的科研工作者和工程技术人员参考，也可作为高等学校水文水资源等专业本科生和研究生的教学参考书。

图书在版编目（CIP）数据

洪水概率预报理论与应用 / 梁忠民等著. —北京：科学出版社，2020.10
ISBN 978-7-03-066476-1

Ⅰ. ①洪… Ⅱ. ①梁… Ⅲ. ①洪水预报-概率预报 Ⅳ. ①P338

中国版本图书馆 CIP 数据核字（2020）第 205280 号

责任编辑：周　丹　沈　旭　程雷星 / 责任校对：杨聪敏
责任印制：张　伟 / 封面设计：许　瑞

科 学 出 版 社 出版
北京东黄城根北街 16 号
邮政编码：100717
http://www.sciencep.com

北京中石油彩色印刷有限责任公司 印刷
科学出版社发行　各地新华书店经销
*

2020 年 10 月第　一　版　开本：720 × 1000　1/16
2021 年 1 月第二次印刷　印张：12 1/2
字数：252 000

定价：99.00 元
（如有印装质量问题，我社负责调换）

《洪水概率预报理论与应用》

著 者 名 单

梁忠民　钱名开　胡义明
王　凯　王　军　李彬权

前　　言

洪水预报是非工程防洪减灾措施的重要组成内容,也是水文科学的研究热点。洪水预报的理论与方法经历了由经验模型到具有系统理论基础的黑箱子水文模型,再到融合物理概念和抽象概化的概念性水文模型,以及具有物理基础的分布式水文模型的发展历程。一直以来,洪水预报提供的都是一种确定性的定值预报。由于自然水文过程的复杂性和人类认识水平的局限性,实时洪水预报中不可避免地存在输入、模型结构和模型参数的不确定性。这些不确定性的存在导致洪水预报结果也具有不确定性。因此,围绕认识和描述洪水预报中的不确定性,建立洪水概率预报模型与方法,进一步提升水文预报能力、丰富预报信息,已逐渐成为研究热点,并成为当前水文科学领域最前沿的科研课题之一。

纵观国内外关于洪水预报不确定性量化和洪水概率预报的研究,大体可以分为两类途径:一类是基于要素耦合途径的洪水概率预报;另一类是基于误差分析途径的洪水概率预报。第一类途径是在识别洪水预报过程主要不确定性要素的基础上,以统计分布形式描述各不确定性要素并将其耦合到洪水预报模型中,进而实现洪水概率预报;第二类途径则是分析模型最终预报结果与实际洪水之间的误差规律,建立以预报值为条件的预报变量的条件概率分布函数,量化预报的综合不确定性,从而实现洪水概率预报。本书对这两类途径中的典型方法进行了系统归纳、总结与分析,并提供了诸多应用实例。

全书共9章。第1章主要论述了开展洪水概率预报的概况;第2~5章,详细介绍了基于要素耦合途径进行洪水概率预报的典型方法,包括考虑输入不确定性的洪水概率预报、考虑模型参数不确定性的洪水概率预报、考虑模型结构不确定性的洪水概率预报和考虑多源不确定性的洪水概率预报;第6~8章,详细介绍了基于误差分析途径进行洪水概率预报的典型方法,包括水文不确定性处理器及其改进、模型条件处理器、基于误差分析途径的其他洪水概率预报方法;第9章为实时洪水风险评估方法研究。

全书由梁忠民主持编写,钱名开、胡义明、王凯、王军、李彬权、蒋晓蕾、常文娟、曹炎煦等参与了研究与编写工作。

　　本书的出版得到了国家重点研发计划课题"水文水资源预报预测不确定性分析及降低控制技术"（2016YFC0402709）、国家自然科学基金重点项目"山丘区产汇流机理、模型尺度效应及突发洪水预报研究"（41730750）的资助，科学出版社对本书的出版给予了大力帮助，在此致以深深的谢意。

　　在本书编写过程中，参考了大量的国内外文献资料，已尽可能在文中或参考文献中予以列出，但由于资料较多，疏漏之处在所难免，在此向所有文献作者表示衷心感谢。由于作者水平有限，书中难免存在不足之处，恳请读者批评指正。

作　者

2020 年 8 月

目　　录

第1章 绪　　论

1.1　洪水预报过程中的不确定性

洪水预报是非工程防洪减灾措施的重要组成内容,也是水文科学研究的热点。洪水预报的理论与方法,经历了由经验模型到具有系统理论概念的黑箱子水文模型,再到融合物理概念和经验概化的概念性水文模型,以及具有物理基础的分布式水文模型的发展过程[1,2]。一直以来,洪水预报提供的都是一种确定性的定值预报。然而,无论是哪一类水文模型,模型结构如何精细复杂、参数如何优化准确,都只是对水文过程的近似描述,理论上都无法还原"真实的"自然水文过程。由于自然水文过程的复杂性和人类认识水平的局限性,实时洪水预报中不可避免地存在输入、模型结构和模型参数的不确定性。这些不确定性的存在,必将导致洪水预报结果也具有不确定性。因此,如何描述洪水预报中的这些不确定性已成为当前水文科学研究的热点之一[3-6]。

不确定性与确定性是相对的,两者是物理学上的概念。众所周知,人类对自然界的认识一般认为存在着两种规律:一种是必然性规律(也称为确定律);另一种是偶然性规律(也称为偶然律)。必然性规律认为,自然界发生的现象是确定的,有了过去、现在,就可预知未来,如地球绕太阳公转,其自身也按照固定轨道自转,等等,这些现象都有其必然性,是可预知的。与此相对应的,偶然性规律认为自然界有些现象是不确定的,其是否发生、什么时候发生、处于什么状态等,都是随机的,是不可预知的,如树上哪个树叶会在什么时候落下、抛一次硬币出现的是正面还是反面,都是不确定的。

对应于这两种自然规律,数学描述方法体系也分为两大类:一类是描述必然性规律的确定性方法体系,如数学物理方程方法体系;另一类是描述偶然性规律的不确定性方法体系,如概率论方法体系。确定性方法体系的特点是,对自然物理过程进行抽象、概化,用数学物理方程进行描述,当系统的初始条件和边界条件给定后,求解方程得到方程解,从而达到预测未来、认识自然规律的目的。这类基于经典牛顿力学框架的方法体系,迄今为止都是自然科学领域的主要认识方法论,在科学的发展史上发挥了巨大作用。该方法在天体运行轨迹的预测(如哈雷彗星回归预测)、航空航天、航海、机械制造等都有其成功的应用典范。概率论方法体系的特点是,个体的行为不可预测,但整体行为有规可循,如抛一次硬币无法预知其正反面，但相同条件下大量重复抛掷同一枚硬币，则出现正反两面的次数是接近相等或出现概率是相同的，这也是一种规律，即统计规律。对于水文预报问题，按照确定律的概念，其描述语言是未来某个时刻流域出口断面出现多大流量，而按照偶然律的概念，则是说未来某个时刻发生超过某一流量的可能性或概率是多少。

水文预报的不确定性，一般可分为自然的不确定性和认知的不确定性两个方面。以流域面雨量的计算为例，预报未来较长预见期内降雨具有的不确定性可以看成是自然的不确定性，而通过有限个地面观测站点计算的流域落地雨面雨量的不确定性，则可看成是认知的不确定性。根据不确定性的来源不同，又可分为模型输入的不确定性、模型结构的不确定性和模型参数的不确定性等。输入的不确定性既包括降水、气温、蒸发等气象因素的不确定性，又包括下垫面土壤、植被、计算单元划分等带来的不确定性；模型结构的不确定性是指模型不可能完整精确地描述自然现象，仅是复杂水文过程的一种概化或近似所带来的不确定性；模型参数的不确定性是指因资料、寻优算法等限制未能精确定量参数取值而引起的不确定性。这些不确定性是共存的，既可能相互独立，又可能相互关联。在水文预报中，这些不确定性存在传递、累积效应，往往需要耦合起来统一考虑[7-9]。

1.2　洪水概率预报及作用

目前实际防洪工作中，采用的仍然是确定性洪水预报的思路，提供的是一种定值预报。这种预报由于忽略了客观存在的诸多不确定性，理论上无法对预报结果的不确定性做出估计，也无法对由此可能带来的防洪风险做出合理评估。而洪水概率预报提供的是未来任一时刻预报变量的概率分布函数，以此可以对预报变量存在的不确定性做出定量评估，如以置信区间的方式告诉决策者未来的预报值将落在某一范围内有多大的可能性，或未来发生超过/低于某一量级洪水的可能性有多大，以此进行防洪调度，可以对决策方案的可靠性或风险大小做出定量评价。同时，也可以根据预报变量概率分布函数的某一分位数，如均值或中位数做出一种倾向性的预报，提供类似于确定性的定值预报结果。因此，洪水概率预报为防洪决策提供了更为丰富的预报信息[10-12]，使防洪决策更具科学性、合理性。

以文献[13]所示的防洪系统为例（图1.2-1），其中城市A位于河流之侧，河边建有防洪堤防。已知堤防高程为30m，城市A被淹没的最小经济损失为7000万元，加高堤防的费用为2000万元。现通过传统洪水预报方法，得到未来三天河道洪水的最高水位为29m，而洪水概率预报结果显示未来三天河道最高洪水位超过堤防高程的可能性为40%；那么，在考虑是否需要加高堤防时，可以根据现有条件，计算加高堤防与不加高堤防两种情况下可能的经济花费（损失），以此作为是否需要加高堤防的参考依据。以 F_1 表示漫顶的经济花费，F_2 表示不漫顶的经济花费，如表 1.2-1 所示。

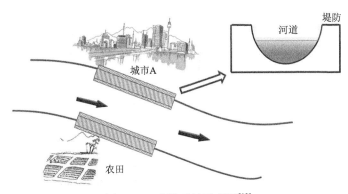

图 1.2-1 防洪系统示意图[13]

表 1.2-1 经济花费洪水损失表 （单元：万元）

项目	漫顶概率 0.4	不漫顶概率 0.6	损失期望值 E
加高堤防	$F_1=2000$	$F_2=2000$	2000
不加高堤防	$F_1=7000$	$F_2=0$	2800

在没有获得洪水概率预报信息时，确定性预报结果表明未来的最高洪水位不超过堤高，因此决策者不会加高堤防。此时，综合考虑是否漫顶两种情况的经济损失期望值为 2800。在提供概率预报的情况下，若决策者决定不加高堤防，则损失与无概率预报的情况相同。然而，当决策者决定加高堤防时，洪水产生的经济损失期望值为 2000。因此，对比有无概率预报的情况，可以发现洪水概率预报可以为决策者提供更丰富的信息，使决策导致的期望损失尽可能地降到最低。

尽管上述示例基于理想假定条件，未考虑到各个因素的复杂程度，如加高堤防的花费与加高程度有关、漫顶损失还应考虑淹没对象的重要性等，但该示例足以说明洪水概率预报的必要性及其在防洪决策中的作用和意义。

1.3 洪水概率预报方法

国内外现行的洪水概率预报方法，一般都是在分析预报不确定性的基础上实现的，即通过确定性水文模型与不确定性分析方法耦合获得未来任一时刻洪水要素的概率分布，从而实现洪水过程的概率预报。纵观这些方法，大体上可以分为两类途径：一是全要素耦合途径；二是总误差分析途径[14]。

在全要素耦合途径中，分别量化降雨-径流过程各个环节或主要要素的不确定性，如降雨输入不确定性、模型结构不确定性、模型参数不确定性等，再对这些不确定性进行耦合，实现概率预报。例如，Kavetski 等[15]采用"潜在变量"雨深乘数反映降雨输入的不确定性，并将模型的敏感性参数随机化，应用马尔可夫链蒙特卡罗（Markov chain Monte Carlo，MCMC）方法求解流量后验分布[7]，提出贝叶斯总偏差分析（Bayesian total error analysis，BATEA）方法。在此基础上，Ajami 等[8]对 BATEA 方法进行了改进，改用折算系数体现降雨输入的不确定性，并集合贝叶斯模型平均（Bayesian model average，BMA）方法考虑模型结构的不确定性，提出贝叶斯综合不确定性估计（integrated Bayesian uncertainty estimator，IBUNE）方法。在国内，李明亮等[9]基于层次贝叶斯模型（hierarchical Bayesian model），构建联合概率密度函数以考虑模型参数和降雨输入不确定性，并采用马尔可夫链蒙特卡罗方法进行求解。梁忠民等[16]借用抽站法原理推求降雨量的条件概率分布，进而实现考虑输入不确定性的洪水概率预报。全要素耦合途径的概率预报虽能够溯源预报不确定性，但计算相对耗时，很难满足实时预报的需要。

总误差分析途径的概率预报不是直接处理输入、模型结构和模型参数的不确定性，而是以处理其总误差，即从确定性预报结果入手，分析预报结果与实际洪水过程的总误差。通过采用数理统计方法构建确定性模型输出与实际洪水过程的数学描述方程直接量化洪水预报的综合不确定性。在此基础上，推求以确定性预报值为条件的预报量的预报分布函数，实现概率预报。Krzysztofowicz[17]提出的贝叶斯预报系统（Bayesian forecasting system，BFS）最具代表性，其中水文不确定性处理器（hydrologic uncertainty processor，HUP）[18]在正态空间中对似然函数进行了线性假定，为推求预报量后验分布的解析表达提供了可能。王善序[19]详细介绍了 BFS 的理论，并指出它可以综合考虑预报过程的不确定性，不限定预报模型的内部结构，同时，指出线性-正态假定并不适用于大多数的水文过程。为此，邢贞相等[20]采用反向传播（back propagation，BP）神经网络构建先验分布和似然函数，用以模拟水文过程的非线性，并应用 MCMC 方法求解贝叶斯概率预报模型。刘章君等[21]在 BFS 框架下，采用 Copula 函数推求预报量的后验分布，并进行数值求解。三峡水库入库流量预报的应用，表明 Copula-BFS 的均值预报优于原始 HUP 模型和 BP-BFS 模型。近年来，诸多研究表明，不同流量量级的预报不确定性存在差异，Todini[22]通过点绘流量预报值与实测值的分位数关系图，发现高流量的线性关系较低流量更显著，点据更集中。为此，采用截尾正态联合分布[23]表征不同流量量级时预报值与实测值的关系，并提出了模型条件处理器（model conditional processor，MCP）。Montanari 和 Grossi[24]建立了误差分位数与解释变量（explanatory variables）间的函数关系，进而估计了预报的不确定性。此外，为了避免正态分位数转换引入的额外误差,王晶晶等[25]在原始空间中开展预报误差规律研究,发现不同流量量级的误差服从不同的分布函数,为此采用极小熵确定各分布线型,采用极大熵进行参数估计,进而降低了福建池潭水库管理的风险。van Steenbergen 等[26]针对不同预见期、不同流量量级预报误差统计规律的差异,采用统计学方法,构建了三维误差矩阵,量化预报不确定性。采用熵理论或三维误差矩阵方法进行洪水概率预报时,在同一流量量级内对预报误差进行了同分布假定,这使得流量分级阈值处的洪水概率预报不可避免地存在断层(如涨水段流量分布的均值由低量级突变为高量级等情况),为此,梁忠民等[14]在分析预报误差均值随流量量级变化特征基础上,构建了误差均值和方差与预报值之间的函数关系,建立了以预报流量为条件的误差概率分布,进而推求预报流量的分布函数,量化预报的不确定性,并实现洪水概率预报。

可以看出,不管是全要素耦合途径还是总误差分析途径的洪水概率预报,都是以确定性定值预报为基础的,即在现有洪水预报模型基础上,通过不确定性分析方法实现概率预报。两类途径共同构成了洪水概率预报的方法体系,如图 1.3-1 所示。

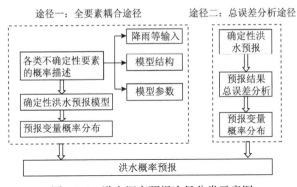

图 1.3-1　洪水概率预报途径分类示意图

1.4　洪水概率预报评价指标体系

传统的洪水确定性预报提供每一时刻预报量的预测值,可以通过比较预测值与观测值的差异来评价确定性预报结果的准确性,即精度评价。而概率预报估计的是每一时刻预报量的概率分布函数,通过这些分布函数不仅可以获得预报量的倾向值预报(分布函数的某一分位数,如中位数 Q_{50} 或均值等),还可获得区间预报或超过/低于某一量级洪水的概率值。因此,对洪水概率预报效果的评价,应对倾向值预报的准确性和区间预报的合理性分别进行评价,即应包括精度评价和可靠度评价两个方面,为此,需要建立“精度-可靠度”联合评价指标体系。

对"精度"的评价，一般可采用确定性系数/纳什-萨克利夫效率（deterministic coefficient/Nash-Sutcliffe efficiency，NSE）[27]评价洪水过程的预报精度，如采用洪峰相对误差、洪峰滞时等指标评价洪峰的精度，采用洪量相对误差评价水量平衡约束的满足程度。另外，也可采用 KGE（Kling-Gupta efficiency）及其三个评价因子[28]评价预报结果在均值、方差和线性相关性方面的精度，采用基准系数（benchmark efficiency，BE）[29]比较不同分位数预报值对实际洪水过程的吻合情况。上述评价指标及其描述见表1.4-1。

表 1.4-1　常见精度评价指标

序号	指标	定义	说明	变量说明
1	洪峰相对误差 REP	$REP=\dfrac{Q_{sim,peak}-Q_{obs,peak}}{Q_{obs,peak}}\times100\%$	REP 的许可误差为±20%	$Q_{sim,peak}$，倾向值预报洪峰流量，m^3/s；$Q_{obs,peak}$，观测洪峰流量，m^3/s；
2	洪量相对误差 REV	$REV=\dfrac{W_{sim}-W_{obs}}{W_{obs}}\times100\%$	洪量相对误差 REV 的许可误差为±20%	W_{sim}，倾向值预报洪量，m^3；W_{obs}，实测洪量，m^3；
3	洪峰滞时	预测洪峰滞后或超前于实测洪峰的时段长	滞时绝对值的许可误差为预见期的30%，许可误差小于3h或一个计算时段长时，则以3h或一个计算时段长作为许可误差	$Q_{obs}(i)$，第 i 时刻的实测流量，m^3/s；$Q_{sim}(i)$，第 i 时刻的倾向值预报流量，m^3/s；$\bar{Q}_{obs}$，实测流量的平均值，m^3/s；N，洪水过程时段数；σ_{sim}，倾向值预报流量的标准差；
4	NSE	$NSE=1-\dfrac{\sum_{i=1}^{N}\left[Q_{obs}(i)-Q_{sim}(i)\right]^2}{\sum_{i=1}^{N}\left[Q_{obs}(i)-\bar{Q}_{obs}\right]^2}$	NSE 用于评价洪水过程的拟合效果，取值范围为$(-\infty,1]$，NSE 越接近于1，预报拟合效果越好	σ_{obs}，实测流量的标准差；μ_{sim}，倾向值预报流量的均值；μ_{obs}，实测流量的均值；r，预报与实测流量的线性相关系数；$Q_b(i)$，基准预报流量，m^3/s
5	KGE	$KGE=1-\sqrt{G_1+G_2+G_3}$，方差因子：$G_1=\left(\dfrac{\sigma_{sim}}{\sigma_{obs}}-1\right)^2$；均值因子：$G_2=\left(\dfrac{\mu_{sim}}{\mu_{obs}}-1\right)^2$；线性相关性因子：$G_3=(r-1)^2$	KGE 的取值范围是$(-\infty,1]$，KGE 越接近于1，预报拟合效果越好	

续表

序号	指标	定义	说明	变量说明
6	基准系数 BE	$$BE = 1 - \frac{\sum_{i=1}^{N}\left[Q_{obs}(i) - Q_{sim}(i)\right]^2}{\sum_{i=1}^{N}\left[Q_{obs}(i) - Q_{b}(i)\right]^2}$$	BE 一般用于对比倾向值预报流量 Q_{sim} 与基准预报流量 Q_b 在洪水过程拟合中的相对好坏：BE=0 说明 Q_{sim} 与 Q_b 表现相当；BE>0 说明 Q_{sim} 比 Q_b 更优；BE<0 说明 Q_{sim} 比 Q_b 拟合效果差	

对"可靠度"的评价，常关注置信度为 90%的区间预报结果，一般采用洪峰区间离散度指数（dispersion index，DI）[30-32]、洪水过程区间覆盖率（containing ratio，CR）[30, 31]和单位区间离散化系数（percentage of observations bracketed by the unit confidence interval，PUCI）[33, 34]对该区间预报结果进行评价。同时，可采用覆盖率判定系数（containing ratio coefficient，CRC）[35]给出概率预报结果合理性的整体评估。此外，还可以采用区间对称度[30]和对称比[36]来评价预报区间的对称性。常用的可靠度评价指标见表 1.4-2。

表 1.4-2 常见可靠度评价指标

序号	指标	定义	说明	变量说明
1	区间离散度 DI	平均离散度：$$DI = \frac{1}{N}\sum_{i=1}^{N}\frac{q_u(i) - q_d(i)}{Q_{obs}(i)};$$ 洪峰离散度：$$D_{peak} = \frac{q_{u,peak} - q_{d,peak}}{Q_{obs,peak}}$$	DI/D_{peak} 越小，概率预报效果越好。洪峰离散度 D_{peak} 的最大允许值为 0.4	$q_u(i)$，第 i 时刻预报区间的上限，m^3/s；$q_d(i)$，第 i 时刻预报区间的下限，m^3/s；$Q_{obs}(i)$，第 i 时刻的实测流量，m^3/s；$q_{u,peak}$，洪峰处预报区间的上限，m^3/s；$q_{d,peak}$，洪峰处预报区间的下限，m^3/s；$Q_{obs,peak}$，观测洪峰流量，m^3/s；N，洪水过程时段数；$$k(i) = \begin{cases} 1, q_d(i) \leqslant Q_{obs}(i) \leqslant q_u(i) \\ 0, 其他 \end{cases};$$ X_j，置信度，$X_j \in (0,100\%)$；$\overline{X}$，所有置信度的均值；CR_j，对应于置信度 X_j 的区间覆盖率；M，置信度总数，理论上 M 可取无穷大，一般置信度 X_j 在[10%，90%]区间内间隔 5%选取，即 $X_j = 90\%, 85\%, \cdots, 15\%, 10\%$，共有 17 个不同的置信度，即 $M = 17$；$$J_u = \begin{cases} 1, Q_{obs}(i) > q_u(i) \\ 0, Q_{obs}(i) \leqslant q_u(i) \end{cases};$$
2	区间覆盖率 CR	$$CR = \frac{\sum_{i=1}^{N} k(i)}{N} \times 100\%$$	CR 值越接近区间置信度，概率预报结果越合理（如置信度为 90%的区间预报结果，CR 值越接近 90%，该预报区间越合理）	
3	覆盖率判定系数 CRC	$$CRC = 1 - \frac{\sum_{j=1}^{M}\left(CR_j - X_j\right)^2}{\sum_{j=1}^{M}\left(X_j - \overline{X}\right)^2}$$	CRC 可以衡量概率预报的整体合理性。CRC 的取值范围是 $(-\infty, 1]$，CRC=1 为完美概率预报。当 CRC $\geqslant 0.64$ 时，概率预报结果合理	
4	单位区间离散化系数 PUCI	$$PUCI_j = \frac{1 - \left|CR_j - X_j\right|}{DI_j}$$	PUCI 的取值范围是[0,∞)。PUCI 值越大，表明该置信度的区间预报结果合理性越差	

续表

序号	指标	定义	说明	变量说明
5	区间对称度	$\varLambda_1 = \dfrac{1}{N}\sum\limits_{i=1}^{N}\left| \dfrac{q_u(i)-Q_{obs}(i)}{q_u(i)-q_d(i)} - 0.5 \right|$	$\varLambda_1$ 值越小，预报区间关于实测对称性越强。一般要求 $\varLambda_1 < 0.5$	
6	区间对称比	$\varLambda_2 = \dfrac{\sum\limits_{i=1}^{N} J_u(i)}{\sum\limits_{i=1}^{N} J_d(i)}$	$\varLambda_2 = 1$ 时，预报区间以实测值为中心呈左右对称分布	$J_d = \begin{cases} 1, Q_{obs}(i) < q_d(i) \\ 0, Q_{obs}(i) \geqslant q_d(i) \end{cases}$

参 考 文 献

[1] 芮孝芳. 水文学原理. 北京: 中国水利水电出版社, 2004.

[2] 芮孝芳. 水文学研究进展. 南京: 河海大学出版社, 2007.

[3] Harihar R, Bahr J M, Bloschl G, et al. A reflection on the first 50 years of Water Resources Research. Water Resources Research, 2015, 51: 7829-7837.

[4] 梁忠民, 戴荣, 李彬权. 基于贝叶斯理论的水文不确定性分析研究进展. 水科学进展, 2010, 21(2): 274-281.

[5] 张洪刚, 郭生练, 何新林, 等. 水文预报不确定性的研究进展与展望. 石河子大学学报(自然科学版), 2006, 24(1): 15-21.

[6] Duan Q Y, Pappenberger F, Wood A, et al. Handbook of Hydrometeorological Ensemble Forecasting. Berlin: Springer, 2019.

[7] Kuczera G, Kavetski D, Franks S, et al. Towards a Bayesian total error analysis of conceptual rainfall-runoff models: characterising model error using stormdependent parameters. Journal of Hydrology, 2006, 331(1-2): 161-177.

[8] Ajami N K, Duan Q, Sorooshian S. An integrated hydrologic Bayesian multimodel combination framework: confronting input, parameter, and model structural uncertainty in hydrologic prediction. Water Resources Research, 2007, 43(1): W1403.

[9] 李明亮, 杨大文, 陈劲松. 基于采样贝叶斯方法的洪水概率预报研究. 水力发电学报, 2011, 30(3): 27-33.

[10] 钱名开, 王凯, 梁忠民, 等. 智慧洪水概率预报平台. 水利信息化, 2018, 147(6): 10-14.

[11] 梁忠民, 戴荣, 王军, 等. 基于贝叶斯模型平均理论的水文模型合成预报研究. 水力发电学报, 2010(2): 114-118.

[12] 邢贞相. 确定性水文模型的贝叶斯概率预报方法研究. 南京: 河海大学, 2007.

[13] Ramos M H, van Andel S J, Pappenberger F. Do probabilistic forecasts lead to better decisions? Hydrology and Earth System Sciences, 2013, 17(6): 2219-2232.

[14] 梁忠民, 蒋晓蕾, 钱名开, 等. 考虑误差异分布的洪水概率预报方法研究. 水力发电学报, 2017(4): 20-27.

[15] Kavetski D, Kuczera G, Franks S W. Bayesian analysis of input uncertainty in hydrological

modeling: 1. Theory . Water Resources Research, 2006, 42(3): W03407.

[16] 梁忠民, 蒋晓蕾, 曹炎煦, 等. 考虑降雨不确定性的洪水概率预报方法. 河海大学学报(自然科学版), 2016, 44(1): 8-12.

[17] Krzysztofowicz R. Bayesian theory of probabilistic forecasting via deterministic hydrologic model. Water Resources Research, 1999, 35(9): 2739-2750.

[18] Krzysztofowicz R, Kelly K S. Hydrologic uncertainty processor for probabilistic river stage forecasting . Water Resources Research, 2001, 36(11): 3265-3277.

[19] 王善序. 贝叶斯概率水文预报简介. 水文, 2001, 21(5): 33-34.

[20] 邢贞相, 芮孝芳, 崔海燕, 等. 基于 AM-MCMC 算法的贝叶斯概率洪水预报模型. 水利学报, 2007, 38(12): 1500-1506.

[21] 刘章君, 郭生练, 李天元, 等. 贝叶斯概率洪水预报模型及其比较应用研究. 水利学报, 2014, 45(9): 1019-1028.

[22] Todini E. A model conditional processor to assess predictive uncertainty in flood forecasting . International Journal of River Basin Management, 2008, 6(2): 123-137.

[23] Coccia G, Todini E. Recent developments in predictive uncertainty assessment based on the model conditional processor approach. Hydrology and Earth System Sciences, 2011, 15(10): 3253-3274.

[24] Montanari A, Grossi G. Estimating the uncertainty of hydrological forecasts: a statistical approach . Water Resources Research, 2008, 44(12): W00B08.

[25] 王晶晶, 梁忠民, 王辉. 基于熵法的入流预报误差规律研究. 水电能源科学, 2010, 28(7): 12-14, 126.

[26] van Steenbergen N, Ronsyn J, Willems P. A nonparametric data-based approach for probabilistic flood forecasting in support of uncertainty communication. Environmental Modelling & Software, 2012(33): 92-105.

[27] Nash J, Sutcliffe J. River flow forecasting through conceptual models. Part I: a discussion of principles. Journal of Hydrology, 1970(10): 282-290.

[28] Gupta H V, Kling H, Yilmaz K K, et al. Decomposition of the mean squared error and NSE performance criteria: implications for improving hydrological modelling. Journal of Hydrology, 2009, 377(1-2): 80-91.

[29] Schaefli B, Gupta H V. Do Nash values have value? Hydrological Processes, 2007, 21(15): 2075-2080.

[30] Xiong L H, Wan M, Wei X J, et al. Indices for assessing the prediction bounds of hydrological models and application by generalised likelihood uncertainty estimation. Hydrological Sciences Journal, 2009, 5(54): 852-871.

[31] Li L, Xia J, Xu C Y, et al. Analyse the sources of equifinality in hydrological model using GLUE methodology//Hydroinformatics in Hydrology, Hydrogeology and Water Resources. Hyderabad: IAHS Press, 2009: 130-138.

[32] Jin X L, Xu C Y, Zhang Q, et al. Parameter and modeling uncertainty simulated by GLUE and a formal Bayesian method for a conceptual hydrological model. Journal of Hydrology, 2010, 383(3-4): 147-155.

[33] 徐炜, 宏广, 杨润, 等. 基于 Box-Cox 变换的贝叶斯概率水文预报效率. 水力发电学报, 2018, 37(11): 15-23.

[34] Li L, Xu C Y, Xia J, et al. Uncertainty estimates by Bayesian method with likelihood of AR (1) plus Normal model and AR (1) plus Multi-Normal model in different time-scales hydrological models. Journal of Hydrology, 2011, 406(1-2): 54-65.

[35] 蒋晓蕾, 梁忠民, 胡义明. 洪水概率预报评价指标研究. 湖泊科学, 2020, 32(2): 539-552.

[36] 任政, 盛东. 基于多目标 GLUE 算法的新安江模型参数不确定性研究. 水电能源科学, 2016, 34(3): 15-18.

第2章 考虑输入不确定性的洪水概率预报

洪水预报模型的输入资料种类较多,如观测降雨、预见期内降雨、蒸发、DEM、土壤、植被等,其中,观测降雨是传统洪水预报模型最主要的输入信息,而预见期内降雨是决定模型预见期和预报精度的最主要因素。对于水文预报问题,观测降雨及预见期降雨不确定性研究始终是热点。本章主要介绍面雨量计算不确定性描述方法、降水不确定性处理器(precipitation uncertainty processor,PUP)及集合降雨预报不确定性处理方法,并提供典型应用实例。

2.1 面雨量计算不确定性分析方法

目前,水文预报中作为模型输入的面雨量是由流域内雨量站点的点雨量计算而来的,虽然计算方法在不断改进,但由于雨量站点布设数目有限,由点雨量推求面雨量必然存在因雨量站数目不足或代表性不高而导致的面雨量计算误差。为了保障平均面雨量计算的精度及可靠性,水文学者和统计学者发展了诸多面雨量插值计算方法,如克里金插值法、泰森多边形计算法等。然而,由于流域地形地貌、降雨空间分布不均等条件的影响,面雨量计算过程中不可避免地存在着不确定性。为了量化这种不确定性,梁忠民等[1]借鉴"抽站法"思想,通过反向推导"抽站法"的经验公式,提出采用"反抽站法"(inverse sampling gauges,ISG)途径量化面雨量计算不确定性。在此基础上,结合确定性预报模型,实现洪水概率预报。

2.1.1 面雨量计算不确定性描述

在"反抽站法"中,通过面雨量计算误差来刻画面雨量计算的不确定性。一般可以假定面雨量的计算值 $\overline{P}(t)$ 与实际未知的"真值" $\overline{P_0}(t)$ 之间的误差 $\varepsilon(t)$ 服从正态分布[2]:

$$\varepsilon(t) = \frac{\overline{P}(t) - \overline{P_0}(t)}{\overline{P_0}(t)} \sim N\left(0, \sigma^2\right) \tag{2.1-1}$$

式中, $N\left(0, \sigma^2\right)$ 为均值是 0、方差是 σ^2 的正态分布; t 为面雨量过程的一段时间。

由式（2.1-1）可知，当面雨量计算值 $\overline{P}(t)$ 已知时，误差 $\varepsilon(t)$ 与面雨量真值 $\overline{P_0}(t)$ 是一一对应的函数关系（t 代表面雨量过程的任一时段）。为此，式（2.1-1）可进一步表达为[1]

$$F\left(\overline{P_0}(t)\,/\,\overline{P}(t)\right)=1-\varPhi\left(\dfrac{\left(\dfrac{\overline{P}(t)}{\overline{P_0}(t)}-1\right)}{\sigma}\right) \qquad （2.1\text{-}2）$$

为了估计标准差 σ，对随机变量 $\varepsilon(t)$ 进行标准化处理：令 $u(t)=\dfrac{\varepsilon(t)-0}{\sigma}$，即 $u(t)$ 为面雨量计算误差的标准化变量，且 $u(t)\sim N(0,1)$。

当误差标准化变量的保证率为 η［即分布 $u(t)$ 中置信度取 η］时，可知（如图 2.1-1 所示）：

$$\varPhi\left(u_{\alpha/2}(t)\right)=1-\alpha\,/\,2 \qquad （2.1\text{-}3）$$

式中，α 为 $u(t)$ 中对应于置信度 η 的显著性水平，即 $\alpha=1-\eta$；$u_{\alpha/2}(t)$ 为标准正态分布的双侧 α 分位点。可以推得

$$\sigma=\dfrac{E_\eta}{u_{\alpha/2}(t)} \qquad （2.1\text{-}4）$$

式中，E_η 为保证率取 η 的允许误差。

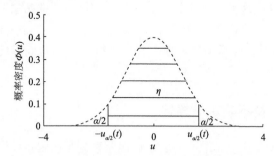

图 2.1-1　标准正态分布概率密度函数示意图

以误差保证率 η=90% 为例［即分布 $u(t)$ 中置信度取 90%］，$\alpha/2$=0.05，$\varPhi(u(t))=0.95$，查标准正态分布函数表可知，$u_{\alpha/2}(t)=1.64$，根据式（2.1-4）可以推得

$$\sigma=\dfrac{E_{90\%}}{1.64} \qquad （2.1\text{-}5）$$

式中，$E_{90\%}$ 为保证率取 90% 的允许误差。

综合式（2.1-2）和式（2.1-4）可知，以面雨量计算值 $\overline{P}(t)$ 为条件的面雨量真值 $\overline{P_0}(t)$ 的概率分布估计为[1]

$$F\left(\overline{P_0}(t)/\overline{P}(t)\right)=1-\Phi\left(\frac{\left(\dfrac{\overline{P}(t)}{\overline{P_0}(t)}-1\right)\times u_{\alpha/2}(t)}{E_\eta}\right) \tag{2.1-6}$$

由式（2.1-6）可知，只要得到允许误差 E_η 的估计值，即可获得面雨量真值 $\overline{P_0}(t)$ 的条件概率分布的估计，进而实现面雨量计算不确定性的概率描述。

2.1.2　抽站法基本原理

1. "抽站法"简介

"抽站法"是我国雨量站网规划中采用的主要方法，其利用雨量站网稠密地区的全部雨量资料计算面平均雨量的近似真值，然后遵循分布均匀的抽站原则抽取部分雨量站，再计算面平均雨量及其误差，寻求误差与布站密度、计算时段和地形因素的关系，探讨满足精度要求的布站数量。

假设研究流域内有 N_1 个具有同步观测资料的雨量站，首先根据逐时段雨量资料，计算 N_1 个站的 1h、3h、6h、12h、24h 共 5 个时段的面平均雨量，将其作为该计算单元响应时段面平均雨量的真值。然后按照下列步骤进行分析[3-5]：

（1）确定一个降雨时段，如取 Δt=24h，并提取同步观测资料（m_1 个样本）；确定一个抽站数目 N_2，从 N_1 个站中抽取分布均匀的 N_2 个站，求出 Δt 时段的面平均降雨量 $\overline{P_{N_2,i}}$，再基于由 N_1 个站计算出来的真值 $\overline{P_{N_1}}$ 求误差 $\varepsilon_{N_2,i}$。注意，此时的 $\varepsilon_{N_2,i}$ 是由 m_1 个数组成的样本数组。

（2）选定不同误差标准，如分别选取 5%、10% 和 15%，计算出在不同误差标准下的面平均降雨误差的合格保证率。

（3）再次从 N_1 个站中抽取第 $i(i=1,2,\cdots,n)$ 组 N_2 个站，按照步骤（1）和步骤（2），计算第 i 组的基于不同面平均降雨误差标准的合格保证率。

（4）针对不同误差标准，分别算出 n 组抽站对应的平均合格保证率。

（5）按照步骤（1）～步骤（4），分别求出不同时段、不同抽站数目在不同误差标准下的面平均降雨的平均合格保证率。

根据以上抽站法的主要步骤，作出研究区域在 1h、3h、6h、12h、24h 共 5

个时段不同误差标准下的平均保证率结果图（图 2.1-2 为 Δt=24h 降雨不同允许误差下的保证率）。相应于平均保证率为 90%的站数 N，即为研究流域的合理布站数。可利用插值法得到对应于平均保证率为 90%的站数 N。

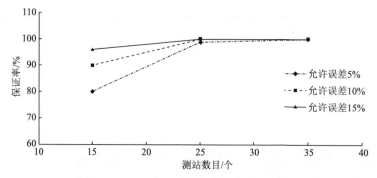

图 2.1-2   24h 降雨不同允许误差下的保证率

2. 抽站法经验公式

同一地区、同一雨型及同一气象条件下，各块面积所需的雨量站数目还与下垫面条件有关。1981 年我国建立了中国梅雨区雨量站网密度实验区，实验区选在江西省境内最大暴雨区之一的怀玉山南侧，暴雨量及暴雨频次都较多。实验区范围以乐安河支流泪水流域为主体，向南向北扩展面积为 1280km²，实验区建成 209 个雨量站。雨量站间距不超过 4km，1983～1988 年收集了大量的野外试验数据，得出雨量站网密度公式，计算所需配套雨量站数公式为[4-5]

$$N = 0.137 A^{0.257} \times H^{0.133} \times T^{-0.169} \times E^{-0.858} \qquad （2.1-7）$$

式中，N 为所需雨量站数（站）；A 为流域面积（km²）；H 为流域平均高程（m）；T 为降雨时段长（h）；E 为保证率 90%的面平均雨量允许误差，取 10%～15%。

式（2.1-7）经江西省其他流域和浙江、湖南、福建、湖北等流域的雨量资料及流量资料进行验证，都得到了满意的结果。因此，该公式作为中小河流水文站（$A \leqslant 2000$km²）分析计算雨量站网密度的经验公式，被写入了《水文站网规划技术导则》。

2.1.3 ISG 方法的基本原理

利用抽站法经验公式，即式（2.1-7），在已知雨量站布站数目、降雨计算时长、流域地形因素等情况下，可以反推保证率为 90%的允许误差 $E_{90\%}$[1]：

$$E_{90\%} = 0.099 \times N^{-1.166} \times A^{0.3} \times H^{0.155} \times T^{-0.197} \qquad （2.1-8）$$

结合式（2.1-6）与式（2.1-8），可以推得以面雨量计算值 $\overline{P}(t)$ 为条件的面雨量真值 $\overline{P}_0(t)$ 的概率分布[1]：

$$F\left(\overline{P}_0(t) \big/ \overline{P}(t)\right) = 1 - \Phi\left(16.7347 \times \left(\frac{\overline{P}(t)}{\overline{P}_0(t)} - 1\right) \times A^{-0.3} \times H^{-0.155} \times T^{0.197} \times N^{1.166}\right)$$

（2.1-9）

式中各变量含义同前。由式（2.1-9）可以估计面雨量计算的不确定性。

2.2 降雨不确定性处理器

预见期内降雨是指预报时刻之后发生的降雨，预报时刻是未知的，是决定洪水预报预见期、制约洪水预报精度的关键因素，一直以来都是水文科学领域的关注热点。诸多预见期内降雨预报方法都是以气象学理论为基础，但是由于大气过程极端复杂、影响因素众多，这些方法的预报精度有待改进。近些年来，关于如何量化降雨预报不确定性问题得到较多研究，也取得了诸多典型研究成果，其中以 Krzysztofowicz[6]提出的贝叶斯预报系统（Bayesian forecasting system，BFS）中的降水不确定性处理器（PUP）最为典型。

贝叶斯预报系统，将水文预报不确定性分为输入不确定性与水文不确定性。其中，输入不确定性主要是指由预见期内的定量降雨预报引起的不确定性，是水文预报不确定性的最主要来源。基于 PUP，结合确定性水文模型和响应函数，将定量降雨预报不确定性转化为水文模型输出的不确定性。

PUP 满足以下几个条件：①PUP 的输出为流域出口断面的流量过程；②PUP 的预见期至少为 1d；③水文预报不确定性的支配因素是未来一天的定量降雨预报；④PUP 能够与任意形式的水文模型进行耦合，包括黑箱模型、概念性模型和物理模型；⑤PUP 可以进行实时预报，其涉及降雨量模拟、流量模拟等[6]。

2.2.1 降雨量模拟

W 表示未来 24h 内的流域累积降雨量，w 表示 W 的观测值，且定义未来出现降雨的概率为 $v = P(W > 0)$；在出现降雨的条件下，W 的条件分布函数可写为 $H_1(w) = P(W \leqslant w | W > 0)$。显然，如果 $w > 0$，则 $H_1(w) > 0$；如果 $w = 0$，则 $H_1(w) = 0$。综合考虑上述两种情况，得到 W 的分布函数为

$$H(w) = vH_1(w) + (1-v) \qquad W \geqslant 0 \qquad\qquad （2.2\text{-}1）$$

式中，$(1-v)$ 为 $W=0$ 时的概率。

根据研究区域预报模型的计算时段长 dt（单位为 h），将未来 24h 的累积降雨量划分到 N 个时段（$dt \cdot N = 24$）；令 W_i 为第 $i(i=1,2,\cdots,N)$ 个时段内的流域平均降雨量，且 $W_1 + W_2 + \cdots + W_N = W$。在假定未来有降雨的情况下，定义 $\Theta_i = W_i / W$，为降雨时段分配系数，则有 $0 \leqslant \Theta_i \leqslant 1$，且 $\Theta_1 + \Theta_2 + \cdots + \Theta_N = 1$。

因此，定量降雨预报包括两部分：①累积降雨量 W；②W 在各时段内的分配系数 Θ。水文学者对 Θ 做了大量的研究，发现 Θ 的分布极其复杂[7]，很难对其做出准确判断。因此，可以采用 Θ 的均值 Z 来代替，并用定量等价原理进行相关证明：

$$Z_i = E\left[\Theta_i \middle| W > 0\right] \qquad\qquad （2.2\text{-}2）$$

在实际应用中，Z 作为确定性输入，由它所产生的不确定性在水文模型不确定性中考虑，PUP 只关注累积降雨量预报的不确定性。

根据未来一天的降雨出现时段不同，可以将降雨过程分为不同的时段分配模式 T[8]。以一天分为 4 个时段为例，如降雨出现在第 1 时段和第 4 时段，则 $T=14$。以此类推，一天降雨分配在 4 个时段共有 15 种时段分配模式。估计每一种时段分配模式的降雨条件分布函数 $H_{1,j}(j=1,\cdots,15)$，并按降雨时段分配系数分别为相等、大、小，将 15 种时间模式又划分为 61 种不同降雨时段分配系数，详见表 2.2-1。

表 2.2-1　PUP 降雨时段分配模式与分配系数

降雨时段	时段分配模式	时段分配系数
1	4	
2	6	(m,m)、(h,l)、(l,h)
3	4	(m,m,m)、(h,l,l)、(l,h,l)、(l,l,h)、(h,h,l)、(h,l,h)、(l,h,h)
4	1	(m,m,m,m)、(h,l,l,l)、(l,h,l,l)、(l,l,h,l)、(l,l,l,h)、(h,h,l,l)、(l,h,h,l)、(l,l,h,h)、(h,l,h,l)、(h,l,l,h)、(l,h,l,h)

注：表中 m 为平均分配系数；h 为高分配系数；l 为低分配系数

2.2.2　流量模拟

令 s_k 为 k 时刻的模型输出值，而 k 时刻输入 u 的值是确定的，只有概率降雨量 w 与模拟流量 s_k 的值是不确定的，因此定义一个响应函数 r_k 将 w 转化为模拟流量 s_k，即 $s_k = r_k(w,u)$。由于 u 是确定的，$s_k = r_k(w,u)$ 可简化为

$$s_k = r_k(w) \qquad w \geqslant 0 \qquad\qquad （2.2\text{-}3）$$

一般来说，在相同的初始条件下，响应函数可微分且严格递增，因此对式（2.2-3）进行变换得到 $w = r_k^{-1}(s_k)$，$s_k \geqslant s_{k0}$。式中，$s_{k0} = r_k(0)$ 为 $W=0$ 时的模拟流量。

根据累积降雨量的概率分布 H 与响应函数 r_k，可得模拟流量的分布函数 Π_k：

$$\Pi_k(s_k) = v\Pi_{k1}(s_k) + (1-v) \tag{2.2-4}$$

式中，$\Pi_{k1}(s_k) = P(S_k \leqslant s_k | w > 0)$，表示 $W=0$ 时的模拟流量分布函数；若 $s_k > s_{k0}$，则 $\Pi_{k1}(s_k) > 0$；若 $s_k = s_{k0}$，则 $\Pi_{k1}(s_k) = 0$。

大量研究表明，响应函数 r_k 为线性凸凹函数，且该函数曲线几乎是不变的。并以流域初始缺水量为分界点，凸函数段非常短，当累积降雨量超过流域初始缺水量时就变为凹函数段，该段函数曲线反映了流域降雨量与模拟流量实质上的响应函数关系。但该函数曲线突然转折处的拟合是难点，因为分布函数通常只能拟合平缓变化的线型，而无法拟合突然转折的线型。因此，在实际应用中，通常采用分段拟合的方法进行线性拟合，如采用韦布尔（Weibull）分布函数进行拟合，此时变量 s 的三参数 Weibull 分布为 $P(S \leqslant s) = \mathrm{Wb}(s; \alpha, \beta, \gamma)$：

$$\mathrm{Wb}(s; \alpha, \beta, \gamma) = 1 - \exp\left[-\left(\frac{s-\gamma}{\alpha}\right)^\beta\right] \quad \gamma < s \tag{2.2-5}$$

若 $\gamma \geqslant s$，则 $\mathrm{Wb}(s; \alpha, \beta, \gamma) = 0$；若 $\gamma = 0$，退化为两参数 Weibull 分布。

Π_k 由两个三参数的 Weibull 分布组成，称为两阶段 Weibull 分布：

$$\Pi_{k1}(s_k) = \mathrm{Wb}(s_k; \alpha_{k1}, \beta_{k1}, \gamma_{k1}) \quad s_k > \varsigma_k \tag{2.2-6a}$$

$$\Pi_{k1}(s_k) = \mathrm{Wb}(s_k; \alpha_{k2}, \beta_{k2}, \gamma_{k2}) \quad \gamma_{k2} < s_k \leqslant \varsigma_k \tag{2.2-6b}$$

$$\Pi_{k1}(s_k) = 0 \quad s_k \leqslant \gamma_{k2} \tag{2.2-6c}$$

式中，7 个参数 α_{k1}、β_{k1}、γ_{k1}、α_{k2}、β_{k2}、γ_{k2}、ς_k 具有以下关系：

$$\max\{\gamma_{k1}, \gamma_{k2}\} < \varsigma_k \tag{2.2-7a}$$

$$\left(\frac{\varsigma_k - \gamma_{k1}}{\alpha_{k1}}\right)^{\beta_{k1}} = \left(\frac{\varsigma_k - \gamma_{k1}}{\alpha_{k2}}\right)^{\beta_{k2}} \tag{2.2-7b}$$

$$\frac{\beta_{k1}}{\varsigma_k - \gamma_{k1}} = \frac{\beta_{k2}}{\varsigma_k - \gamma_{k2}} \tag{2.2-7c}$$

式（2.2-7b）确保了 Π_k 在 ς_k 点是连续的；式（2.2-7c）确保了 r_k 在 ς_k 点是连续的；综合考虑式（2.2-7b）和式（2.2-7c），则两阶段 Weibull 分布的参数减少为 5 个。

2.2.3　计算步骤

（1）确定一组概率 $\{p(j):j=1,\cdots,m\}$，且 $0 \leqslant p(1) < \cdots < p(m) < 1$。

（2）通过累积降雨量的概率分布函数 H_1 求得不同概率条件下的降雨量序列 $\{w_p:p=p(1),\cdots,p(m)\}$。

（3）利用输入 (w_p,u)，计算不同概率 $\{p(j):j=1,\cdots,m\}$ 条件下的模拟流量过程 $\{s_{kp}:k=1,\cdots,K\}$。

（4）对于每一个时刻 k，利用步骤（3）求得的结果 $\{(s_{kp},p):p=p(1),\cdots,p(m)\}$，通过式（2.2-6）和式（2.2-7）拟合得到 Π_{k1}。

2.3　集合降雨预报不确定性处理方法

2.3.1　背景概述

利用数值天气预报产品驱动水文模型进行径流预报是提高预报精度、增长预见期的有效途径。目前世界上很多气象机构提供从小时到周及至月、年尺度不同预见期的数值预报产品，如欧洲中尺度天气预报中心（European Center for Medium-Range Weather Forecasts，ECMWF）、美国国家海洋和大气管理局的环境预测中心、中国国家气候中心等发布的数值预报产品。但由于大气系统的高度非线性，加之预报模型及模型输入等不确定性因素的存在，无论哪种产品都存在预报误差及集合预报低离散度问题，因此需要对降雨集合预报产品进行有效的校正处理[9, 10]。

研究人员围绕如何通过统计后处理技术来提高天气/气候预报的精度和可靠性这一问题，开展了大量卓有成效的研究，并取得了一些代表性的研究成果。例如，Raftery 等[11]采用贝叶斯模型平均法（BMA）后处理集合气温预报，其中，每个集合成员的预报系列都采用正态分布函数进行拟合。考虑降雨的偏态分布及降雨系列中存在大量零值情况，Sloughter 等[12]采用逻辑回归函数和伽马分布函数分别描述 0 值降雨事件和非 0 值降雨事件的分布，进而通过构建混合分布函数描述降雨事件的分布，对 BMA 方法进行了改进，使其能应用到集合降雨预报的后处理中。Hamill 等[13]采用逻辑回归方法建立降雨预报分布与集合预报均值间的统计关系去后处理集合降雨预报，获得了在给定集合降雨预报条件下"真实降雨"的条件分布函数。考虑到在传统逻辑回归方法中，回归方程的拟合依赖于阈值的选取，即不同的阈值对应着不同的回归方程曲线，且不同阈值对应的回归方程曲线可能存在交叉情况，Wilks[14]对传统逻辑回归进行了改进，提出了将阈值（分位点）作为自变量引入方程，进而提供连续的概率分布函数去描述"真实降雨"的条件概率分布。胡义明等[15]根据全球集合预报系统（GFS）提供的 1~8d 预见期的降雨集合预报数据，研究了基于扩展型 Logistic 算法和异方差扩展型 Logistic 算法发展的 5 个统计后处理模型对淮河息县以上流域 GFS 预报降雨的校正效果。

　　将校正后的降雨预报应用到水文模拟/预报中时，需要考虑降雨等预报要素在不同预见期间的时间相关性、不同站点间的空间相关性及不同预报变量间的相关性问题，以保证模型输入在时-空相依结构上的可靠性。然而，目前的预报后处理校正技术通常都只针对单变量、单站点及单预见期的预报而言，未能考虑不同预报变量、不同预见期及不同站点位置间的这种复杂的相关结构。为此，需要对处理校正后的预报进一步进行时-空相依结构的修正重构。Clark 等[16]和 Schefzik 等[17]分别采用 Schaake Shuffle 方法和经验型多维联合方法对校正后的预报进行相关结构重构。随后，Hu 等[10]对上述两种相关结构重构中的抽样算法进行了改进，取得了较好的重构效果。

2.3.2　Logistic 方法理论

　　Logistic 回归方法属于非线性的统计回归方法，标准的 Logistic 方法研究对象是离散的二分类事件，即 $Y=1$ 或 $Y=0$。二分类事件 Y 在自变量 X 影响下的发生概率的计算可采用下式，即标准的 Logistic 模型：

$$p\left(y \leqslant q \mid X\right) = \frac{\exp(X^{\mathrm{T}} \boldsymbol{\beta})}{1 + \exp(X^{\mathrm{T}} \boldsymbol{\beta})} \qquad （2.3\text{-}1）$$

式中，X 为自变量组成的矩阵；$\boldsymbol{\beta} = \{\beta_0, \beta_1, \beta_2, \cdots\}$ 为参数矩阵，包括截距及各变量的回归系数；q 为给定的阈值（分位点），用以决定二分类事件 Y 的发生与否（$Y=1$ 或 $Y=0$）；参数 $\boldsymbol{\beta}$ 的估计是通过最大化对数似然函数获得的，即

$$\ln L = \operatorname*{argmax} \sum_{i=1}^{N} \ln \pi_i \qquad （2.3\text{-}2）$$

式中，N 为观测样本系列长度；π_i 为第 i 个观测值对应的概率，其计算如下：

$$\pi_i = \begin{cases} p(y_i \leqslant q \mid x_i) & y_i < q \\ 1 - p(y_i \leqslant q \mid x_i) & y_i \geqslant q \end{cases} \qquad （2.3\text{-}3）$$

对于不同的阈值 q ，Logistic 回归系数是不一样的，这就有可能导致不同阈值条件下的回归方程出现交叉情况，而使得对于某些值而言，求出的概率为无效的负概率值，即如果 $p(y \leqslant q_a | x) > p(y \leqslant q_b | x)$ 时，就会出现 $p(q_a \leqslant y \leqslant q_b) < 0$ 的情况。

为了解决上述问题及尽量使 Logistic 回归方程中具有更少的参数，扩展的 Logistic 回归方法被提出。在扩展的 Logistic 模型中，分位点 q （阈值）被当作一个自变量引入到方程中，从而使得 Logistic 方法可以提供全概率分布用于描述因变量 Y ，而事件 Y 不必是二分类事件[14]，即

$$p(y < q | \boldsymbol{X}) = \frac{\exp[\boldsymbol{X}^{\mathrm{T}}\boldsymbol{\beta} + g(q)]}{1 + \exp[\boldsymbol{X}^{\mathrm{T}}\boldsymbol{\beta} + g(q)]} \qquad （2.3-4）$$

式中， $g(q)$ 为分位点 q 的函数；其他参数定义同前。

在扩展的 Logistic 方法基础上，异方差扩展的 Logistic 方法又被提出。相较扩展的 Logistic 方法仅能调整 Y 条件概率分布 $p(y < q | \boldsymbol{X})$ 的位置，异方差扩展的 Logistic 方法能够同时对因变量 Y 条件概率分布的位置和离散度进行调整。该模型可描述如下：

$$p(g(y) < g(q) | \boldsymbol{X}) = \frac{\exp\left[\dfrac{g(q) - \mu}{\sigma}\right]}{1 + \exp\left[\dfrac{g(q) - \mu}{\sigma}\right]} \qquad （2.3-5）$$

式中， μ 为分布的位置参数； σ 为分布的尺度参数，具体表示如下：

$$\mu = \boldsymbol{X}^{\mathrm{T}}\omega , \qquad \sigma = \exp(\boldsymbol{H}^{\mathrm{T}}\lambda) \qquad （2.3-6）$$

式中， $\boldsymbol{X}$ 和 $\boldsymbol{H}$ 为自变量矩阵； ω 和 λ 为回归系数。

关于式（2.3-4）和式（2.3-5）中的函数 $g(q)$ ，众多研究表明 $g(q) = a\sqrt{q}$ 可以使得上述两个方法达到较好的精度，为此，本书中分位点（阈值） q 的函数采用下式：

$$g(q) = a\sqrt{q} \qquad （2.3-7）$$

基于扩展的 Logistic 方法［式（2.3-4）］和异方差扩展的 Logistic 方法［式（2.3-5）］，设计了 5 个不同的校正模型，用于处理集合预报降雨数据[18]。

第一个模型（M_1）：

$$p(y \leqslant q) = \frac{\exp(aM + b\sqrt{q} + c)}{1 + \exp(aM + b\sqrt{q} + c)} \qquad （2.3-8）$$

第二个模型（M_2）：

$$p(y \leqslant q) = \frac{\exp(aM + bS + c\sqrt{q} + d)}{1 + \exp(aM + bS + c\sqrt{q} + d)} \qquad （2.3-9）$$

第三个模型（M_3）：

$$p(x \leqslant q) = \frac{\exp[aM + b(M \cdot S) + c\sqrt{q} + d]}{1 + \exp[aM + b(M \cdot S) + c\sqrt{q} + d]} \qquad （2.3-10）$$

第四个模型（M_4）：

$$p(x \leqslant q) = \frac{\exp\left(\dfrac{a\sqrt{q} - bM + c}{\exp(dS)}\right)}{1 + \exp\left(\dfrac{a\sqrt{q} - bM + c}{\exp(dS)}\right)} \qquad （2.3-11）$$

第五个模型（M_5）：

$$p(x \leqslant q) = \frac{\exp\left(\dfrac{a\sqrt{q} - (bM + cS) + d}{\exp(hS)}\right)}{1 + \exp\left(\dfrac{a\sqrt{q} - (bM + cS) + d}{\exp(hS)}\right)} \qquad （2.3-12）$$

上述式中，M 为集合预报 $\sqrt{X}$ 的均值；S 为集合预报 $\sqrt{X}$ 的标准差；a, b, c, d, h 为模型参数；q 为分位点；p 为不超过概率（$y \leqslant q$）。

在上述 5 个校正模型（$M_1 \sim M_5$）中，M_1、M_2 和 M_3 模型是基于扩展的 Logistic 方法[式（2.3-4）]设计的，而 M_4 和 M_5 模型是基于异方差扩展的 Logistic 方法[式（2.3-5）]演变而来的。根据历史观测和同期的集合预报降雨数据，对 5 个模型的校正效果进行评估，最终选取最优模型对未来的集合预报降雨数据进行校正处理。

2.3.3　时空相关结构重构

当原始的降雨集合预报数据经过 2.3.2 节所述方法校正后，可获得降雨预报的概率分布。为了将校正后的降雨预报结果输入水文模型中，需要对降雨预报概率分布函数进行离散化处理，即通过抽样技术从预报概率分布函数中抽取离散样本值输入水文模型中。抽样过程中，仅对给定站点和特定预见期情形下的降雨预报概率分布进行随机采样，而不考虑不同站点或同一站点不同预见期降雨预报分布的相关性，即通过采样获得的预报降雨样本，并没有有效考虑不同站点或同一站点不同预见期降雨在空间和时间上的相关性。为此，需要对采样数据进行时空相关结构重构，以保证不同站点、同一站点不同预见期降雨具有合理的时空相关结构。目前，典型的集合预报时空相关结构重构方法主要有 Schaake Shuffle 方法[16]和 Empirical Copula Coupling 方法[17]。

Schaake Shuffle 方法是从"历史实测降雨记录"中选择样本 O，然后将从降雨预报分布中获得的集合采样数据 X，按照样本 O 表现出的时空相关结构进行重构，其核心就是，"若在实测样本 O 中，第 i 位置的值排第 j 号，则同样要使采样数据样本 X 中，排在 j 号的值，放在第 i 位置"。

假设在给定的时间内，降雨集合预报结果可用矩阵 $X_{i,j,k}$ 表示，其中，i 表示第 i 时刻，j 表示第 j 个集合成员，k 表示站点序号。为了对矩阵 X 中不同站点、不同预见期降雨数据进行重构，首先根据降雨的历史观测值构造出与 X 具有相同纬度的矩阵 $Y_{i,j,k}$，其中 i 表示历史时间序列中的日期索引，j 表示年份（个数与集合成员个数相等），k 表示站点号。选择位于预测日期之前和之后若干天内的日期填充矩阵 Y（日期可以从除了预测年份之外的所有实测年份中提取）。对于给定的时刻（i）和站点（k），将实测数据 $Y_{i,k}$ 按照从小到大进行排序，并对每个数据在序列中的大小顺序进行标号。如第 i 位置的值排第 j 号，则在重构降雨预报数据 $X_{i,k}$ 时，同样要使采样数据样本 X 中，排在 j 号的值放在第 i 位置。

现以一个具体假设案例，对 Schaake Shuffle 方法进行详细说明。假定有 A、B 和 C 三个站点，其 2006 年 5 月 22 日降雨概率预报分布函数为 F_A、F_B 和 F_C，从三个分布函数中分别抽取 5 个样本组成各个站点的集合预报样本，见表 2.3-1。

表 2.3-1　各站点 2006 年 5 月 22 日集合预报数据

序号	A	（在系列中排序）	B	（在系列中排序）	C	（在系列中排序）
集合成员 1	3	（2）	6	（3）	5	（2）
集合成员 2	7	（4）	3	（1）	9	（5）
集合成员 3	9	（5）	8	（4）	8	（4）
集合成员 4	5	（3）	4	（2）	3	（1）
集合成员 5	2	（1）	9	（5）	6	（3）

从历史实测降雨资料与 2006 年 5 月 22 日相近的日期中（日期相差幅度的设定据情况而定，如前后半个月等），抽取 5 个日期，如 2004 年 5 月 18 日、2001 年 5 月 28 日、2002 年 5 月 30 日、2004 年 5 月 10 日和 2000 年 5 月 13 日。然后选取这 5 个日期对应的 A、B、C 三个站点的历史观测降雨值，并对每个站点的数据系列进行排序标号，见表 2.3-2。

表 2.3-2　从降雨历史记录中抽取的样本数据

时间	A	（在系列中排序）	B	（在系列中排序）	C	（在系列中排序）
2004 年 5 月 18 日	8	（3）	5	（2）	4	（2）
2001 年 5 月 28 日	6	（2）	9	（5）	3	（1）
2002 年 5 月 30 日	4	（1）	7	（4）	7	（4）
2004 年 5 月 10 日	9	（4）	2	（1）	5	（3）
2000 年 5 月 13 日	10	（5）	6	（3）	8	（5）

　　将表 2.3-1 中的集合样本，按照表 2.3-2 中的结构进行重组。例如，根据 2004 年 5 月 18 日 A、B 和 C 三站的结构（（3），（2），（2）），需要将表 2.3-1 中，A 站排在第 3 位的样本"5"、B 站排在第 2 位的样本"4"、C 站排在第 2 位的样本"5"放在一起，重构出一个集合成员（5，4，5）。经重构后的集合预报结果见表 2.3-3。

表 2.3-3　经重构后的集合预报结果

序号	A	B	C
集合成员 1	5	4	5
集合成员 2	3	9	3
集合成员 3	2	8	8
集合成员 4	7	3	6
集合成员 5	9	6	9

　　Empirical Copula Coupling 法与 Schaake Shuffle 法相似，相比于 Schaake Shuffle 方法是基于历史实测降雨系列的相关结构对集合预报数据进行重构，Empirical Copula Coupling 方法则是基于原始集合预报成员间的相关结构关系，对采样数据样本进行重构。其核心就是，原始集合预报样本 O 中，第 i 位置的值排第 j 号，则同样要使采样数据样本 X 中，排在第 j 号的值放在第 i 位置。

2.4　应用实例

2.4.1　面雨量计算不确定性分析方法应用

　　以黄泥庄流域为研究区域，采用 ISG 方法量化该流域面雨量计算的不确定性，并实现洪水概率预报[1]。

　　黄泥庄流域的流域面积 A=805km², 流域平均高程 H=479m, 流域内雨量站个

数 N=12 个，确定性预报模型的计算步长为 T=1h。根据"抽站法"的经验公式，可以推得黄泥庄流域在现有站网规划条件下，面平均雨量真值与面平均雨量计算值的相对误差（保证率为 90%）为

$$E_{90\%} = \left(\frac{0.137 A^{0.257} \cdot H^{0.133} \cdot T^{-0.169}}{N} \right)^{\left(-\frac{1}{0.858}\right)} \approx 0.1052 \qquad (2.4\text{-}1)$$

进而根据式（2.1-9），可以计算黄泥庄流域在现有站网条件下，面雨量真值条件概率分布的估计为

$$F\left(\overline{P_0}(t) \middle/ \overline{P}(t) \right) = 1 - \Phi \left(\frac{\dfrac{\overline{P}(t)}{\overline{P_0}(t)} - 1}{0.064} \right) \qquad (2.4\text{-}2)$$

由上述公式可知，只要某一时段的面雨量计算值 $\overline{P}(t)$ 已知，就可以计算该时段面雨量真值的概率分布。以 19830723 号洪水为例，图 2.4-1 为该场洪水的降雨过程及各时段面雨量真值的分布函数示意图。其中第 6 时段的雨量计算值 $\overline{P}(t) = 20.9\text{mm}$，那么，根据上述公式就可以计算得到该时段面雨量真值的概率密度函数，如图 2.4-2 所示，图中 $f(x)$ 表示概率密度。

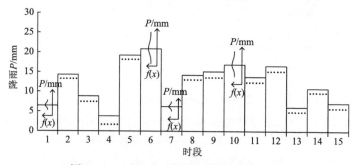

图 2.4-1　19830723 号洪水降雨过程示意图

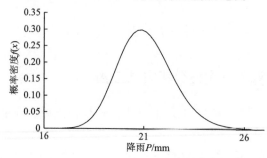

图 2.4-2　19830723 号洪水第 6 时段面雨量真值的概率密度函数分布

对于一场洪水，在获得每个时段面雨量真值的概率分布后，采用随机抽样方法进行洪水概率预报：

（1）从每个时段雨量真值的概率分布中随机抽取一个值，组成一组面雨量时间序列，并将其视作一场降雨过程的估值；

（2）将这场降雨过程输入至确定性水文模型，本例中采用三水源新安江模型，计算获得对应的流量过程；

（3）重复步骤（1）和步骤（2），按照上述随机抽样方法，对每场降雨进行10000 次随机抽样，可以得到 10000 场流量过程；

（4）对每一时段的 10000 个流量值进行排频计算，采用统计方法估计每一时段流量的分布函数，并估计分布的均值及不同分位点数值，获得流量的均值预报及置信区间预报结果。

按上述方法对1980～2010 年 6 场洪水进行了概率预报，得到洪水过程任一时段预报流量的概率分布函数，可以提供诸如期望值、中位数等定值预报结果（此处仅以中位数 Q_{50} 为例），同时获得具有一定置信度的区间预报结果（以 90%置信度为例，亦可得到其他置信度），6 场洪水概率预报结果统计见表 2.4-1，以 19830723 号洪水为例，其概率预报过程如图 2.4-3 所示。

表 2.4-1　基于面雨量计算不确定性的洪水概率预报结果

洪水号	实测洪峰流量/(m³/s)	中位数预报洪峰流量/(m³/s)	中位数预报洪峰相对误差/%	中位数预报确定性系数	洪峰处置信度为90%的预报区间/(m³/s)	CR	RB	RD
19830723	2390	2360	−1.18	0.94	[2240,2490]	0.42	0.12	0.16
19870501	651	709	8.87	0.90	[631,790]	0.61	0.14	0.14
19890510	460	470	2.12	0.92	[415,532]	0.81	0.14	0.04
19950519	631	567	−10.15	0.87	[525,624]	0.58	0.07	0.03
20030506	635	638	0.45	0.92	[570,732]	0.84	0.14	0.06
20090629	1120	1050	−5.91	0.92	[1000,1110]	0.64	0.11	0.07

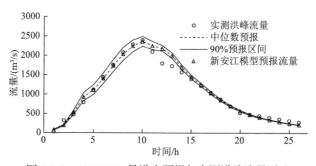

图 2.4-3　19830723 号洪水预报与实测洪峰流量对比

　　由表 2.4-1 可以看出，若以预报流量概率分布的中位数作为定值预报，其确定性系数在 0.87 以上，洪峰相对误差基本在 10%以内，说明具有较高的预报精度。区间预报的优劣采用覆盖率（CR）、平均相对带宽（RB）和平均相对偏移度（RD）评价，CR 越大且 RB 和 RD 越小，预报效果越好。表 2.4-1 中各场洪水的 RB 和 RD 均较小，但 CR 有一定差别。一般而言，某一置信度的预报区间不可能包含所有的实测点据，即 CR 总是小于 1，主要是因为作概率预报时不可能考虑所有不确定性因素的影响。对本例而言，除了考虑"落地雨"面雨量计算的不确定性外，对其他诸如预见期内降雨、模型（结构与参数）等不确定性的影响均未考虑。因此，反映到具体某一场次洪水时，其 CR 值也不尽相同，这也表明对特定场次洪水而言，不同的不确定性源的贡献差异对预报结果的影响也不同。以表 2.4-1 中 CR 值最大（0.84）和最小（0.42）的两场洪水为例，对 20030506 号洪水而言，若以预报区间覆盖实测点据的比例来衡量，则落地雨面雨量计算误差这一不确定性要素，可以涵盖预报不确定性的 84%，而 19830723 号洪水仅涵盖了其中的 42%。通过类似分析，可以发现洪水预报不确定性的主要来源为降低预报不确定性指明了方向。

2.4.2　考虑预见期内降雨的洪水概率预报

　　以淮河流域上游的息县子流域未来 8d 预报降雨数据为研究对象，采用 2.3.2 节介绍的 5 种后处理模型对息县子流域未来 8d 降雨预报进行校正处理[15]。实测降雨数据为 2006~2009 年，共 4 年，未来 8d 的降雨预报数据来源于 GFS 预报系统。GFS 系统有 11 个集合预报成员，降雨数据的空间分辨率为 Guassian~0.5°。基于 4 层交叉验证思路，分析了不同模型的校正效果，即每次采用 3 年降雨数据率定模型参数，剩余的 1 年数据用以验证。

　　图 2.4-4 给出了基于赤池信息准则（AIC）指标评估的 5 个模型的校正效果，从图中可以看出，就第 0~120h 预见期而言，第五模型（M_5）是最优模型，第四模型（M_4）次之；对于第 121~192h 预见期而言，5 个模型性能差异性不大。

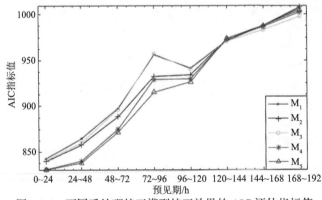

图 2.4-4　不同后处理校正模型校正效果的 AIC 评估指标值

图 2.4-5 给出了原始预报和经 5 个模型校正后预报的秩概率技巧得分（ranked probability skill score，RPSS），从图中可以看出，原始预报在前 72h 预见期内呈现一定的预报技巧，但从 72h 之后开始，技巧得分为负数，即相对于气候预报而言，原始预报也没有提高预报精度。总体而言，经 5 个模型校正后预报的技巧得分均高于原始预报，且技巧得分均为正值，说明模型具有较好的校正效果。就 5 个模型的校正效果而言，在第 0~120h 预见期内，第五模型（M_5）的校正效果最优，第四模型（M_4）效果次之。而在第 121~192h 预见期，5 个模型的精度差异性不大。这与基于 AIC 指标的评估结果一致。

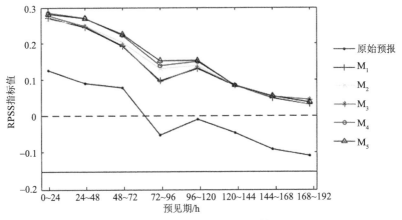

图 2.4-5　不同后处理校正模型校正效果的 RPSS

图 2.4-6 提供了阈值为 5mm 时，基于原始预报和经 M_5 模型校正后预报计算的预报可靠性曲线（reliability diagram）。从图中可以看出，经 M_5 模型校正后预报的可靠性曲线更接近于 1∶1 曲线，表明经模型后处理后，预报的可靠性可明显改善。

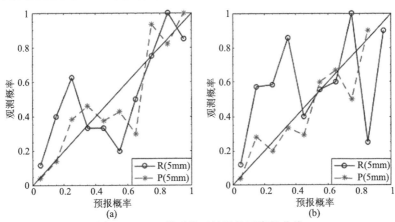

图 2.4-6　M_5 模型校正效果的可靠性曲线

R 指原始预报；P 指处理后的预报

　　为此，采用 M_5 模型对王家坝上游的息县、班台和潢川三个子流域及息–班–潢区间的未来 8d 降雨数据进行校正，并结合 Schaake Shuffle 方法进行三个子流域和区间降雨的时空相关结构重构，将重构后的降雨数据输入新安江水文模型中，获得王家坝断面相应的洪水预报过程。

　　图 2.4-7 给出了预见期为 6h、24h、42h 和 48h 情况下，2006 年 7 月 1 日 8 时至 2006 年 9 月 20 日 8 时的降雨集合平均预报结果。从图中可以看出，预见期为 6h 时，集合平均预报结果与实测系列较为吻合，但集合平均预报的精度随着预见期的增加而呈现降低趋势，这主要是降雨预报的精度随着预见期增加而降低导致的。

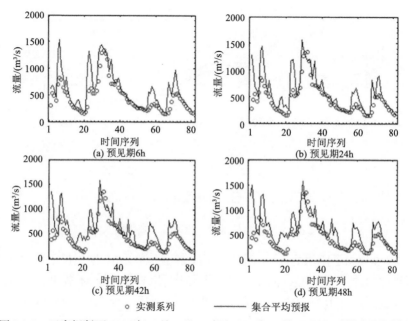

图 2.4-7　王家坝断面 2006 年 7 月 1 日 8 时至 2006 年 9 月 20 日 8 时洪水预报结果

参 考 文 献

[1] 梁忠民, 蒋晓蕾, 曹炎煦, 等. 考虑降雨不确定性的洪水概率预报方法. 河海大学学报(自然科学版), 2016, 44(1): 8-12.

[2] 熊立华, 卫晓婧, 万民, 等. 水文模型两种不确定性研究方法的比较. 武汉大学学报(工学版), 2009, 42(2): 137-142.

[3] 刘权授, 张桂娇, 刘筱琴. 江西省中小河流雨量站网的合理布设. 江西水利科技, 1990, 4: 5-14.

[4] 刘权授. 江西雨量站网密度公式. 水文, 1997, S1: 9-14.

[5] 水利部水文局(水利信息中心). 中小河流山洪监测与预警预测技术研究. 北京: 科学出版社, 2010.

[6] Krzysztofowicz R. Bayesian theory of probabilistic forecasting via deterministic hydrologic model. Water Resources Research, 1999, 35(9): 2739-2750.

[7] Krzysztofowicz R. Bayesian system for probabilistic river stage forecasting. Journal of Hydrology, 2002, 268(1-4): 69-85.

[8] Krzysztofowicz R, Promory T A. Disaggregative invariance of daily precipitation. J Appl Meteorol, 1997, 36(6): 722-734.

[9] 叶爱中, 段青云, 徐静, 等. 基于 GFS 的飞来峡流域水文集合预报. 气象科技进展, 2015, 5(3): 57-61.

[10] Hu Y M, Schmeits M J, van Andel S J, et al. A stratified sampling approach for improved sampling from a calibrated ensemble forecast distribution. Journal of Hydrometeorology, 2016, 17(9): 2405-2417.

[11] Raftery A. E, Gneiting T, Balabdaoui F, et al. Using Bayesian model averaging to calibrate forecast ensembles. Monthly Weather Review, 2005, 133(5): 1155-1174.

[12] Sloughter J M, Raftery A E, Gneiting T, et al. Probabilistic quantitative precipitation forecasting using Bayesian model averaging. Monthly Weather Review, 2007, 135(9): 3209-3220.

[13] Hamill T M, Whitaker J S, Wei X. Ensemble reforecasting: improving medium-range forecast skill using retrospective forecasts. Monthly Weather Review, 2004, 132(6): 1434-1447.

[14] Wilks D S. Extending logistic regression to provide full probability distribution MOS forecasts. Meteorological Applications, 2009, 16(3): 361-368.

[15] 胡义明, 梁忠民, 蒋晓蕾, 等. GFS 集合降雨预报的校正后处理研究. 南水北调与水利科技, 2019, 17(1): 15-19.

[16] Clark M S, Gangopadhyay L, Hay B, et al. The Schaake shuffle: a method for reconstructing space-time variability in forecasted precipitation and temperature fields. Journal of Hydrometeorology, 2004, 5: 243-262.

[17] Schefzik R, Thorarinsdottir T L, Gneiting T. Uncertainty quantification in complex simulation models using ensemble copula coupling. Statistical Science, 2013, 28: 616-640.

[18] Messner J W, Mary G J, Zeileis A. Extending extended logistic regression: extended versus separate versus ordered versus censored. Monthly Weather Review, 2014, 142: 3003-3014.

第3章 考虑模型参数不确定性的洪水概率预报

随着水文预报预测模型的不断发展，模型参数不确定性也逐渐得到了水文学者的关注。1992 年，Beven 和 Binley[1]发现了模型参数的"异参同效"现象，指出无论采用什么方法，都很难确定水文模型的唯一的最优参数组合。同年，Beven 等提出了普适似然不确定性估计（generalized likelihood uncertainty estimation，GLUE）方法，该方法是量化模型参数不确定性的最为经典的方法。此外，随着马尔可夫链蒙特卡罗（MCMC）方法的发展，该方法不仅可以量化参数不确定性，而且可以结合其他算法优化参数分布函数的估计。目前在模型参数不确定性研究方面，已发展出很多有效的方法，如连续不确定性拟合（sequential uncertainty fitting，SUFI）方法[2]、参数解（parameter solution，ParaSol）方法[3]等。本章将对上述方法进行详细介绍。

3.1 参数不确定性

采用水文模型模拟自然水文过程中，通常采用模型参数来表示自然流域的物理状态。例如，在新安江模型中，采用自由水蓄水容量参数 SM 来反映流域平均表层土的蓄水能力。由于流域内下垫面条件的差异，流域内不同区域的土层厚度不同，流域内不同点的 SM 值理应不同，因此，采用一个确定的 SM 值反映整个流域的表层土蓄水能力具有不确定性，即模型参数不确定性。在参数不确定性研究中，不同的模型参数对模型模拟/预报效果的影响程度不同，即参数敏感性不同。因此，在量化参数不确定性之前，需要对参数进行敏感性识别[4, 5]。

参数敏感性识别方法包括传统参数敏感性识别方法和区域敏感性识别方法。传统参数敏感性识别方法是在某个参数最佳估计值附近给定一个人工干扰，并计算参数在这一很小范围内产生波动所导致模型输出的变化率，即扰动分析方法。传统参数敏感性分析反映的只是参数局部的敏感性，而且参数局部敏感性不能反映出模型结构与参数间的相关性。区域灵敏度识别抛弃了"寻优"思想，承认参数空间分布的复杂性与相关性，是一个在一定准则下对模型参数进行大样本响应统计分析的过程[5, 6]。

在模型参数敏感性识别的基础上，开展参数不确定性分析研究。此时，模型参数不再视为确定值来处理，而是作为随机变量来处理，即认为参数服从某一概率分布，并通过概率分布来量化参数的不确定性。一般采用点分布（概率为 1）估计不敏感参数的分布函数，并对敏感性参数的初始分布（先验分布）进行假定，通常假定为一种常用分布（如正态分布），然后通过贝叶斯理论综合敏感性参数的先验分布与数据信息，获得参数新的概率分布（后验分布），以此描述敏感性参数的不确定性。

此外，在模型参数优化过程中也常发现，每次计算出的最优模型参数组合都会具有差异，对于个别敏感参数，每次模拟中得到的最优结果有时候差异性很大，然而不同的参数组合得到的目标函数值（如确定性系数）较为接近甚至相同，即所谓的异参同效现象。产生这种现象的原因有很多：水文过程太复杂，而水文模型只是对自然现象的简化描述；水文模型结构本身的缺陷；模型参数的冗余或相关性太强等。此外，最优参数值往往与参数优化过程的控制条件有关，如循环次数、收敛误差范围等。这种异参同效的现象从另一个角度说明不确定性存在于模型最优化参数中。

3.2 普适似然不确定性估计方法

针对模型存在的异参同效现象，Beven 和 Binley[1]提出了普适似然不确定性估计（GLUE）方法，用于分析水文模拟的不确定性[1]。GLUE 方法认为导致模型模拟结果好坏的不是模型的单个参数，而是模型的参数值组合。

GLUE 方法首先选定合适的似然函数形式，用以体现模型预报结果与观测值之间的关系。然后，在预先设定的参数分布取值空间内（即设定参数组的先验分布），采用 Monte-Carlo 随机采样方法获取模型的不同参数值组合并运行模型。计算每一种参数值组合下的似然函数值，得到各参数组对应的似然值。设定似然值的临界值，低于临界值的参数组似然值被赋为零，表示这些参数组无法发挥模型的预报能力；高于该临界值则表示这些参数组能够表征模型在这一流域的预报能力。对高于临界值的所有参数组的似然值重新归一化，按照似然值的大小，求出在某置信度下模型预报的不确定性范围（预报区间）。

GLUE 方法采用了贝叶斯理论对似然函数值进行更新和组合，新的似然值可用作估计模型模拟不确定性的权重函数。随着新的预报信息不断获得，似然函数值不断被更新，不确定性估计结果渐趋合理。

GLUE 方法的分析程序主要包括似然函数的选择、参数先验分布的定义、模拟值不确定性评价、似然函数的更新、参数的再取样及似然函数的组合。具体步骤如下[1]：

1. 似然函数的选择

GLUE 方法首先定义了一个或多个合适的似然函数，用以比较模型预测结果和实际观测值之间的吻合程度。似然函数的形式没有严格的要求，但是似然函数值应随着模型模拟相似性的增加而单调增加。一般常用的似然函数形式如下[6]。

（1）模型效率或者确定性系数 δ_e

$$\delta_e = \left(1 - \sigma_e^2 / \sigma_o^2\right) \quad \sigma_e^2 < \sigma_o^2 \qquad (3.2\text{-}1)$$

式中，δ_e 为确定性系数；σ_e^2 为残留变量方差；σ_o^2 为实测变量方差。当 $\sigma_e^2 = \sigma_o^2$ 时，$\delta_e = 0$；而当 $\sigma_e^2 = 0$ 时，$\delta_e = 1$。

（2）残差平方和 δ_b

$$\delta_b = \left(\sigma_e^2\right)^{-N} \qquad (3.2\text{-}2)$$

式中，N 为用户选择的参数。当 $N = 0$ 时，每一个模拟将有相等的似然值；当 $N \to \infty$ 时，有单一最好模拟的似然值等于 1，而其他的似然值则等于 0。

（3）残留最大绝对尺度 δ_m

$$\delta_m = \max\left\{\left|e(t)\right|\right\} \quad t = 1,2,3,\cdots,T \qquad (3.2\text{-}3)$$

式中，$e(t)$ 为在 t 时刻观测变量与预测变量之间的残余。

（4）残差绝对值和 δ_d

$$\delta_d = \sum^T \left|e(t)\right| \qquad (3.2\text{-}4)$$

2. 参数先验分布的定义

GLUE 方法对先验分布的要求是需要确定一个合适的参数取值范围，同时考虑在这个范围内的分布函数的形式。参数的取值范围要足够大，并兼顾参数的物理意义。随着观测数据的不断增加，运用贝叶斯理论对参数范围进行更新，会使得这一取值范围逐渐减小并趋于合理。此外，由于对参数先验分布认识的匮乏，通常在充足的取值范围内采用均匀分布作为参数的先验分布。

3. 模拟值不确定性评价

确定参数的先验分布后，将抽取的参数组代入模型中，并利用实测值与各参数组的模拟值计算似然函数值。在似然函数中，选定一个临界值，大于该临界值的参数组被保留，表示可以反映模型特征。然后，对保留的参数组进行加权计算，根据各参数组的权重系数确定各组参数的后验概率，从而分析各参数的敏感性和高概率密度取值空间。最后，将似然值的大小进行排序，估算出一定置信度下的模型预测值不确定性时间序列。

4. 似然函数的更新

当有新的实测数据加入时，可利用贝叶斯公式，用递推的方式更新经加权计算的似然函数值，将之前得到的后验分布作为先验分布，重新调整参数后验概率分布。计算方法如下：

$$p(\theta|y) = L(y|\theta)p(\theta)/C \qquad (3.2\text{-}5)$$

式中，y 为新增加的实测序列；C 为归一化加权因子；$p(\theta)$ 为参数先验分布；$p(\theta|y)$ 为参数后验分布；$L(y|\theta)$ 为更新后参数组 θ 的似然函数。

5. 参数的再采样

随着新的观测数据的使用，GLUE 方法采用参数再采样的方式不断更新保留新的参数集合，以此排除具有较小似然值的伪参数组。

6. 似然函数的组合

Beven 和 Bimley 指出可能存在多个合适的具有不同形式的似然函数。因此，可以构建不同的似然函数，并对其进行组合，构建多目标似然判据，用以降低模型参数的异参同效性，以便得到更具唯一性的参数值。多目标似然判据可以表示为

$$L(Y|\theta_i) = L_1 L_2 \cdots L_n / C \qquad (3.2\text{-}6)$$

式中，L_n 为第 n 个似然判据的似然值；θ_i 为第 i 个参数值；Y 为预报变量；C 为归一化加权因子。

3.3　马尔可夫链蒙特卡罗方法

贝叶斯学派认为任何未知的参数 θ 都可以看作是一个随机变量，并可以用概率分布来描述任一变量的不确定性。贝叶斯推断的核心问题是先验分布的选择和后验分布的计算。先验分布，即总体分布参数 θ 的一个概率分布。从根本上来说，

贝叶斯学派认为在关于任何总体分布参数 θ 的统计推断问题中，除了需要使用样本所提供的信息外，还必须指定一个先验分布，它是进行参数统计推断时不可缺少的一个要素。后验分布则是在样本已知的条件下，根据样本的分布和所考虑参数的先验分布，采用概率统计中求条件概率分布的方法，求出所考虑参数的条件分布。由于这种分布是在采样以后才得到的，故称为后验分布。贝叶斯推断法的关键是任何推断都只需要相应的后验分布，而不再涉及样本分布。与经典估计方法相比，贝叶斯推断法能更充分地利用样本信息和参数的先验信息，在进行参数估计时，常常使贝叶斯理论得到的估计量具有更小的平方误差或方差，得到更精确的预测结果[7]。

基于贝叶斯理论可获得模型参数的后验分布，从而可以对其不确定性进行定量分析。传统的贝叶斯公式为

$$p(\theta|x) = \frac{f(x|\theta)g(\theta)}{\int f(x|\theta)g(\theta)\mathrm{d}\theta} \tag{3.3-1}$$

式中，θ 和 x 分别为随机变量和与其相关的统计数据；$p(\theta|x)$ 为后验概率密度函数；$f(x|\theta)$ 为似然函数；$g(\theta)$ 为后验分布。

对于水文模型来说，θ 为模型的敏感参数，x 为模型的输出变量，即流量 Q；并且将要进行水文模型预报所需要的其他要素，如实测降雨、流量等资料记为 w，则式（3.3-1）可改写为

$$p(\theta|Q,w) = \frac{f(Q|\theta,w)g(\theta|w)}{\int f(Q|\theta,w)g(\theta)\mathrm{d}\theta} \propto f(Q|\theta,w)g(\theta) \tag{3.3-2}$$

似然度函数 $f(Q|\theta,w)$ 的估计有多种方法，如

$$f(Q|\theta,w) = \sum_{d=1}^{W} \mathrm{DC}_d \tag{3.3-3}$$

式中，DC_d 为第 d 场洪水的确定性系数；W 为洪水场次总数。

式（3.3-2）虽然形式简单，但是它的解不容易获得，而 MCMC 方法为后验分布的数值求解提供了可能。

MCMC 方法是在贝叶斯理论框架下，通过建立平稳分布为 $\pi(\theta)$ 的马尔可夫链，对其平稳分布进行采样，并不断地更新样本信息，使得马尔可夫链能够充分搜索整个模型参数空间，并最终收敛至高概率密度区，因而 MCMC 方法是一种近似的理想的贝叶斯推断过程。MCMC 方法的关键是如何构造有效的先验分布，

以确保依据先验分布抽取的样本收敛至高概率密度区。

蒙特卡罗方法一个基本的步骤是生成服从某个概率分布函数的伪随机样本。但是，蒙特卡罗方法往往对随机序列的模拟要求计算量很大，存在计算复杂性问题。对于感兴趣的变量 x 通常在 R^k 中取值，但有时也会在一个拓扑空间上取值。大多数应用中，在一个感兴趣的分布中生成独立样本是不可行的。通常情况下，产生的样本要么是相关的，要么就是异于所要求的分布，或者两者同时发生。马尔可夫概念最初是由俄罗斯数学家 Markov 于 1907 年提出的，直至 20 世纪 90 年代，研究人员才将 MCMC 方法引入参数不确定性研究中，用其待估参数后验分布的采样，为充分利用待估参数的先验信息而采用贝叶斯统计方法，使得收敛的速度明显提高。马尔可夫链有其严格的数学定义，它直观上可以理解为在随机系统中下一个要达到的状态仅依赖于目前所处的状态，而与之前的状态无关。米特罗波利斯-哈斯汀（Metropolis-Hastings，M-H）算法是 MCMC 算法的基本框架，是一种从某一分布为平稳分布的马尔可夫链中产生样本，然后使得所得样本序列的概率分布收敛于目标后验分布函数的方法。因而，MCMC 算法基本上是一种通过扩大马尔可夫链来获得相关样本的混合型蒙特卡罗方法。常用的 MCMC 抽样方法如下。

1. Gibbs 抽样算法

Gibbs 抽样算法是目前较为流行的一种 MCMC 抽样算法，常被用于处理非标准分布形式的高维联合分布函数[8]。对于高维的联合分布函数，通常很难直接从联合分布中进行整体性采样，为此，Gibbs 算法是在假定其余所有参数（不包含待抽样参数）已知的情况下，采用从联合分布函数的各个分量（即满条件分布，full conditional distribution）中进行逐一抽样的方式，分别获得各参数的大量样本。通过对每个参数的大容量样本进行统计分析，获得参数的主要统计特征。当各个参数的满条件分布函数具有显式表达式时，Gibbs 抽样算法将很容易实现。

对于给定参数 α, β, γ 及样本数据集 $X = \{x_1, x_2, \cdots, x_n\}$，记 $f_1(\alpha|\beta, \gamma)$、$f_2(\beta|\alpha, \gamma)$ 和 $f_3(\gamma|\alpha, \beta)$ 分别为参数 α、β 和 γ 的条件分布函数。Gibbs 抽样算法的实现过程可表示如下。

给定参数 α、β、γ 中任意两个参数的初始值，如令参数 β、γ 的初始值为 β_0、γ_0；令 $t = 0, 1, 2, \cdots, k$，循环迭代步骤①～步骤③进行采样：①从参数 α 的满条件分布 $f_1(\alpha_{t+1}|\beta_t, \gamma_t, X)$ 中抽取一个随机样本，记为 α_{t+1}；②从参数 β 的满条件分布 $f_2(\beta_{t+1}|\alpha_{t+1}, \gamma_t, X)$ 中抽取一个随机样本，记为 β_{t+1}；③从参数 γ 的满条件分布 $f_3(\gamma_{t+1}|\alpha_{t+1}, \beta_{t+1}, X)$ 中抽取一个随机样本，记为 γ_{t+1}。

通过上述的反复迭代过程，可以获得参数 α、β、γ 的抽样样本值

α_i、β_i、γ_i, $i = 1, 2, \cdots, h$。

在实际应用中，为了消除初值的影响，通常抽取 N 个样本（N 很大），然后去掉前面的 m 个样本，以保证剩下的 $N - m$ 个样本 $\alpha_i, \beta_i, \gamma_i (i = m + 1, m + 2, \cdots, N)$ 与来自联合分布函数 $f(\alpha, \beta, \gamma)$ 中的随机样本足够接近。最后，通过对这 $N - m$ 个样本的统计分析，获得各参数的后验分布。

2. Metropolis 算法

Metropolis 算法（即米特罗波利斯算法）是由 Metropolis 等于 1953 年提出的[9]，其通过展开马尔可夫链来实现从分布 $\pi(\theta)$ 中采样。Metropolis 算法由下述两个步骤迭代形成：令 $\pi(\theta) = c \exp\{-h(\theta)\}$ 是感兴趣的目标函数。

（1）对当前的状态施加一个随机扰动，即 $\theta^{(t)} \to \theta'$，这里的 θ' 可以看成是出自一个对称型概率转移函数 $T(\theta^{(t)}, \theta')$，即 $T(\theta^{(t)}, \theta') = T(\theta', \theta^{(t)})$。计算改变量：

$$\Delta h = h(\theta') - h(\theta^{(t)}) \tag{3.3-4}$$

（2）产生一个随机均匀分布数 $u \sim U[0, 1]$。若 $u \leqslant \exp(\Delta h)$，则令 $\theta^{(t+1)} = \theta'$，否则 $\theta^{(t+1)} = \theta^{(t)}$。

3. Metropolis-Hastings 算法

Metropolis-Hastings（M-H）算法是由 Hastings[10]在 Metropolis 算法的基础上发展而来的。它是基于马尔可夫链的一个重要性质，即"如果马尔可夫链具有遍历性，则能够稳定收敛"。M-H 算法从一个与目标后验分布函数相近似的分布函数（提议分布）中产生一系列的随机样本，且其分布函数收敛到目标函数。M-H 算法的基本步骤如下：

对于给定的分布函数 $f(\theta)$，首先给定参数 θ 的初始值 θ^0 及推荐的近似分布 q；令 $t = 0, 1, 2, \cdots, k$，循环迭代步骤①～步骤④进行采样：①从建议分布 $q(\theta', \bullet)$ 中随机抽取一个样本，记为 θ_{t+1}^*；②从（0, 1）均匀分布中随机抽取一个随机数，记为 u_{t+1}；③计算步骤①中，样本值 θ_{t+1}^* 被接受的概率：

$$\alpha(\theta_t, \theta_{t+1}^*) = \min\left\{1, \frac{f(\theta_{t+1}^*), q(\theta_{t+1}^*, \theta_t)}{f(\theta_t), q(\theta_t, \theta_{t+1}^*)}\right\} \tag{3.3-5}$$

④判断是否接受步骤①中产生的样本值 θ_{t+1}^*：如果 $\alpha(\theta_t, \theta_{t+1}^*) \geqslant u_{t+1}$，则接受 θ_{t+1}^* 作为新生成样本值，即 $\theta_{t+1} = \theta_{t+1}^*$；反之，则拒绝。

通过循环迭代上述步骤，即可生成大量满足条件的参数值。理论上讲，推荐分布 q 的选取可以采用任何形式，但目前通常采用正态分布和均匀分布。推荐分布与目标分布函数越接近，样本的接受概率就越高，马尔可夫链收敛也就会越快，从而可以提高 M-H 算法的采样效率。

4. 自适应 Metropolis 算法

为了解决 Metropolis-Hastings 算法存在的搜索速度慢的问题，Haario 等[11]提出了一种自适应 Metropolis（Adaptive-Metropolis，AM）算法。相比传统的 Metropolis-Hastings 算法，AM 算法不用事先确定参数的先验分布，而是由后验参数的协方差矩阵来估算。后验参数的协方差矩阵能够自适应地调整于每一次迭代过程后。第 i 步参数的先验分布假设定义为均值 θ_i、协方差 C_i 的多元正态分布形式。协方差矩阵的计算公式：

$$C_i = \begin{cases} C_0 & i \leqslant i_0 \\ s_d \mathrm{Cov}(\theta_0, \cdots, \theta_{i-1}) + s_d \varepsilon \boldsymbol{I}_d & i > i_0 \end{cases} \tag{3.3-6}$$

式中，C_0 为初始协方差，在初始采样次数 $i \leqslant i_0$ 时，为了消除算法初始阶段的采样不稳定影响，协方差 C_i 取固定值 C_0；ε 为一个较小的常数，以确保 C_i 不成为奇异矩阵；s_d 为比例因子，其依赖于参数的空间维度 d，经常取 $s_d = (2.4)^2 / d$；$\boldsymbol{I}_d$ 为 d 维单位矩阵。

第 $i+1$ 次迭代时，可由式（3.3-6）推得协方差计算公式

$$C_{i+1} = \frac{i-1}{i} C_i + \frac{s_d}{i} \left(i \overline{\theta}_{i-1} \overline{\theta}_{i-1}^{\mathrm{T}} - (i+1) \overline{\theta}_i \overline{\theta}_i^{\mathrm{T}} + \theta_i \theta_i^{\mathrm{T}} + \varepsilon I_d \right) \tag{3.3-7}$$

式中，θ_{i-1} 和 θ_i 分别为前 $i-1$ 次和前 i 次迭代参数的均值。

AM 算法的计算步骤如下：

（1）设置初始化迭代次数 i_0；

（2）利用式（3.3-7）计算 C_i；

（3）产生推荐参数值 $\theta \sim N(\theta_i, C_i)$；

（4）根据式（3.3-8）计算接受概率 α；

$$\alpha = \min \left\{ 1, \frac{P(y/\theta^*) P(\theta^*)}{P(y/\theta_i) P(\theta_i)} \right\} \tag{3.3-8}$$

（5）产生随机数 $u \sim U[0,1]$；

（6）若 $u \leqslant \alpha$ 则接受 $\theta_{i+1} = \theta^*$，否则 $\theta_{i+1} = \theta_i$；

（7）重复步骤（2）～步骤（6），直到产生足够的样本为止。

理论上，一个各向同性的采样器在 $t \to \infty$ 时一定收敛，然而实际应用中总是希望找到最小的 t 值。为此，通常采用 Gelman 等[12]提出的收敛诊断指标 $\sqrt{R}$（比例缩小得分）以评估多序列是否收敛问题，其计算公式如下：

$$\sqrt{R} = \sqrt{\frac{g-1}{g} + \frac{q+1}{qg} \cdot \frac{B}{W}} \qquad （3.3-9）$$

式中，g 为参数采样序列的迭代次数；q 为用于评价的序列数；B/W 为 q 个序列平均值的方差；W 为 q 个序列方差的平均值。

根据上式计算每个参数的比例缩小得分 $\sqrt{R}$ 值，如果 $\sqrt{R}$ 接近于 1，则表示参数收敛到给定的后验分布。

3.4　连续不确定性拟合方法

连续不确定性拟合（SUFI）方法是由 Abbaspour 等[2]于 1997 年提出，该方法在 GLUE 方法基础上，通过引入梯度方法进行求解，以量化参数不确定性。随后于 2004 年，Abbaspour 在此基础上，对 SUFI 方法进行了改进[13]，提出了 SUFI-2 方法，该方法综合考虑模型参数集的不确定性。与 GLUE 方法相似，SUFI-2 方法的目的并不是估计一组最优参数组，而是量化参数估计的不确定性；但与 GLUE 方法不同的是，SUFI-2 方法最后输出的是每个参数的取值范围。

SUFI-2 方法认为参数的不确定性服从均匀分布，并将由此引起的模型输出不确定性定义为预报不确定性，采用置信度 95%的模型输出量的区间范围（记作 95PPU）表示，该范围通过拉丁超立方抽样方法进行估计。

SUFI-2 方法首先假定一个较大的参数不确定性，因此，实测数据都会落在 95PPU 内，然后逐步地减少不确定性，直到满足以下两个条件：第一个条件包括两个要求，一是 95PPU 包括大多数实测值；二是 95PPU 上部的线（97.5%）和下部的线（2.5%）之间的距离尽可能小。在理想状态下，会有 80%～100%的实测数据落在 95PPU 内。若情况不理想，995PPU 中只包含 50%的实测数据，此时需要考虑第二个条件：使 95PPU 上下限的平均距离小于实测序列的标准差（经验方法）。综合两个条件的基本原则是，在确保 95PPU 包含大多数实测数据样本的同时也要尽可能地最小化 95PPU 区间。

SUFI-2 方法的计算步骤如下：

（1）定义目标函数。定义目标函数的方法有多种，不同的目标函数可以获得不同的估计结果。因此，最终确定的参数和参数范围是以目标函数的表达形式为条件的。为了尽可能地减小目标函数选取对估计结果的影响，可以结合不同类型的目标函数（如均方根误差、绝对偏差和对数误差等）构造一个多重判据公式，即多目标公式，作为最终采用的目标函数，记为 g。

（2）确定优化参数的绝对范围。确定优化参数的绝对最小值和最大值，并且保证参数在绝对范围内具有物理意义。但由于缺少其他相关信息，为此可假定所有参数在其绝对范围内服从均匀分布。参数的绝对范围在整个计算过程中具有约束作用，因此绝对范围的取值应尽可能大，可表示为

$$b_j : b_{j,\text{abs\_min}} \leqslant b_j \leqslant b_{j,\text{abs\_max}} \qquad j = 1, \cdots, m \qquad (3.4\text{-}1)$$

式中，b_j 为第 j 个参数；m 为需要估计的参数个数。

（3）参数敏感性分析。在参数估计的初始阶段，需对所有参数进行敏感性分析。对于给定参数，可简单地依据绝对范围将其等距离地划分为若干个子区间，并采用每个子区间的中点值代表整个子区间；将不同子区间对应的中点值引入水文模型进行模拟，产生若干个模拟结果。将这些模拟结果与实测序列进行比较，分析参数的敏感性。

（4）估计参数的初始取值范围。确定每个参数的初始取值范围，以便用于拉丁超立方抽样：

$$b_j : b_{j,\text{min}} \leqslant b_j \leqslant b_{j,\text{max}} \qquad j = 1, \cdots, m \qquad (3.4\text{-}2)$$

通常情况下，上述范围比绝对范围小，并且具有主观性；可以根据经验进行适当调整（参数敏感性分析过程对其选取合适的范围，具有参考价值）。参数的初始取值范围不具有决定性，因为这一范围在后续计算过程中会得到不断的更新；后续更新过程中，参数的取值范围可以在其绝对范围内不断改变。确定参数初始取值范围主要是为了减少后续抽样的计算时间，使算法尽快趋于稳定。

（5）输出模拟值。基于拉丁超立方抽样方法，从参数的初始取值范围中抽样以产生 n 个参数组合；n 值的选取应同时考虑计算效率和参数空间问题，通常选取 1000~2000 某一数值。基于 n 个参数集，可获得 n 次模拟结果。

（6）计算目标函数。根据步骤（5）中的模拟结果，计算步骤（1）中定义的目标函数 g。

（7）评估抽样结果。首先，计算敏感性矩阵 $\boldsymbol{g}(b)$：

$$J_{ij} = \frac{\Delta g_i}{\Delta b_j} \qquad i = 1, \cdots, C_2^n, \; j = 1, \cdots, m \qquad (3.4\text{-}3)$$

式中，C_2^n 为敏感性矩阵的行数；j 为列数（参数的个数）。

根据高斯-牛顿方法，在忽略海森矩阵 H 的高阶导数情况下，$g(b)$ 的海森矩阵计算如下：

$$H = J^{\mathrm{T}} J \tag{3.4-4}$$

根据 Cramer-Rao 理论，采用下式对参数协方差矩阵的下界进行估计：

$$C = s_g^2 \left(J^{\mathrm{T}} J \right)^{-1} \tag{3.4-5}$$

式中，s_g^2 为第 n 次运行的目标函数的方差。参数 b_j 估计的标准差和 95% 的置信区间可由 C 的对角线元素计算：

$$S_j = \sqrt{C_{ij}} \tag{3.4-6}$$

$$b_{j,\mathrm{lower}} = b_j^* - t_{v,0.025} S_j \tag{3.4-7}$$

$$b_{j,\mathrm{upper}} = b_j^* - t_{v,0.025} S_j \tag{3.4-8}$$

式中，b_j^* 为参数 b 的最优估计，即该参数值可使目标函数最小；$v = n - m$，为自由度。其他相关参数可以使用协方差矩阵的对角线和非对角线元素进行评定。因参数 j 和参数 i 的变化而引起的目标函数的变化，可由相关矩阵 A 定量描述：

$$A_{ij} = \frac{C_{ij}}{\sqrt{C_{ii}}\sqrt{C_{jj}}} \tag{3.4-9}$$

当所有的参数都变化时，两个参数之间的相关性很小。

通过求雅克比矩阵列数的平均值计算参数敏感性 S，表达如下：

$$S_j = \bar{b}_j \frac{1}{C_2^n} \sum_{i=1}^{C_2^n} \left| \frac{\Delta g_i}{\Delta b_j} \right| \qquad j = 1, \cdots, m \tag{3.4-10}$$

式中，$\bar{b}_j$ 为第 j 个参数的平均值。

由式（3.4-10）表示的敏感性分析方法与步骤（3）中的计算方法不一样。式（3.4-10）给出的敏感性分析是当所有参数变化时，由每个参数变化引起的目标函数的平均变化估计获得。因此，式（3.4-10）的敏感性是相对敏感性；与之相比，步骤（3）中计算的敏感性是一个参数的绝对敏感性，当其他参数具有不同的优化值时，其值便会发生变化。

（8）95PPU 区间评价。由于 SUFI-2 方法输出的是一个随机过程，采用统计数据如百分误差、R^2、确定性系数等作为模型评价指标并不合适。因此，采用评估模拟量 95PPU 的方式评估模拟结果的好坏。首先，计算每一时刻模拟量累积分布的 2.5% 和 97.5% 分位点数值，计算落入 95PPU 区间的数据百分比和 95PPU 上下限之间的平均距离来评定模拟的好坏。95PPU 上下限平均距离 $\overline{d}$ 由式（3.4-11）计算，较优的计算结果是尽可能多的实测数据落在 95PPU 区间中，且 $\overline{d}$ 接近 0。通常情况下，可采用特征因子 d 近似表示 $\overline{d}$：

$$d = \frac{\overline{d}_x}{\sigma_x} \tag{3.4-11}$$

式中，σ_x 为实测变量 x 的标准差。

当接近 90% 的测量数据落在 95PPU 表征的预报不确定性区间内，且 $\overline{d}$ 小于实测数据的标准差时，可认为模拟结果具有较好精度。

（9）算法更新。采用 SUFI 算法计算的初始阶段，95PPU 的取值范围通常会比较大，即 $\overline{d}$ 的值在第一次抽样时会很大。因此，需要进行多次抽样并不断更新参数范围：

$$
\begin{aligned}
b'_{j,\max} &= b_{j,\text{lower}} - \max\left[\frac{(b_{j,\text{lower}} - b_{j,\min})}{2}, \frac{(b_{j,\max} - b_{j,\text{upper}})}{2}\right] \\
b'_{j,\max} &= b_{j,\text{upper}} + \max\left[\frac{(b_{j,\text{lower}} - b_{j,\min})}{2}, \frac{(b_{j,\max} - b_{j,\text{upper}})}{2}\right]
\end{aligned}
\tag{3.4-12}
$$

式中，b' 为更新后的值。

在更新参数取值范围时，确保更新的范围总是以现有的最好估计值为中心。如果最好估计值与极限值接近，参数范围会增大但不能超过绝对边界。同时，在参数更新过程中，根据其敏感性进行排序，并对高度相关的参数进行特别处理。高度相关且具有较小敏感性的参数应固定为其当前的最优估计范围，并在后续更新过程中保持不变。

3.5　参数解方法

2004 年，van Griensven 和 Meixner[3] 提出了参数解（ParaSol）方法，其可以有效地优化水文模型参数，并提供参数优化结果的不确定性估计。在 ParaSol 方法中，自适应 SCE-UA 算法[14] 被用于解决多目标自动优化和大量参数的最优化问题。ParaSol 方法采用两种方法估计参数优化结果的不确定性：第一种方法是基于 χ^2 统计描述最优解附近的置信区间；第二种方法是采用贝叶斯方法估计参数的可能范围。需要说明的是，ParaSol 方法只处理由实测数据缺乏而导致的模型参数不确定性问题，而不处理其他不确定性来源，如输入数据误差（降水、温度等）、空间数据误差（GIS 数据）、模型结构（空间尺度、数学方程式）或者实测数据误差等。

ParaSol 方法[15]基于模型输出和实测序列计算目标函数（objective function，OF），并将多个目标函数聚成一个全局优化准则（global optimization criterion，GOC），通过使用 SCE-UA 算法最小化 OF 或者 GOC 实现参数优化。

1. SCE-UA 算法

SCE-UA 算法是全局寻优算法，可以用来估计目标函数的最小值。该算法在 P 个待优化参数的可行范围内随机采样，选择初始"总体"。将总体划分为若干个集合，每个集合分别采用下山单纯形法进行最优参数搜索；在这一优化搜索过程中，集合中的样本会被不断地更新和替换。

2. 目标函数

任何一个优化算法实施的前提是需要选取一个合适的目标函数，并通过最大化或最小化目标函数来寻求模型参数的最优解。在 ParaSol 方法中，常用的目标函数为残差平方和（SSQ），以及经排序后的实测值和模拟值差值的平方和（SSQR）。

残差平方和（SSQ）的计算公式如下：

$$SSQ = \sum_{i=1}^{N} (y_{i,\text{sim}} - y_{i,\text{obs}})^2 \tag{3.5-1}$$

式中，N 为模拟值 $y_{i,\text{sim}}$ 和其相应的实测值 $y_{i,\text{obs}}$ 的个数。

排序后的实测值和模拟值差值的平方和（SSQR）指标关注的是实测和模拟序列的频率特征，首先将实测值和模拟值分别排序后形成新的两组序列，基于此，SSQR 的计算公式可表示为

$$SSQR = \sum_{j=1}^{N} (y_{j,\text{sim}} - y_{j,\text{obs}})^2 \tag{3.5-2}$$

式中，j 为排序。

与 SSQ 指标不同，SSQR 指标不具有时间概念，其更关注事件的发生频次。尽管如此，在随机分析中 SSQR 较 SSQ 更为有用，因为在随机分析中，相对事件发生的时间而言，理解事件的发生频次和概率更为重要。

3. 全局优化准则

在采用全局优化准则将多个目标函数进行集合时，尽管目前的全局优化准则方法诸多，但通常都不具备不确定性分析功能。相较而言，贝叶斯理论中基于统计学的集成方法为此提供了可能：对于给定的具有 N 个数据的时间序列 $Y_{\text{obs}}=[y_{n,\text{obs}},n=1,2,\cdots,N]$ 和其相应的模拟值 $Y_{\text{sim}}=[y_{n,\text{sim}},n=1,2,\cdots,N]$，可以假定残差 $(y_{n,\text{sim}}-y_{n,\text{obs}})$ 服从方差为常数的正态分布，残差的方差可由下式估计：

$$\sigma^2=\frac{\text{SSQ}_{\min}}{N} \tag{3.5-3}$$

式中，$\text{SSQ}_{\min}$ 为目标函数最优解的残差平方和；N 为实测值的个数。参数的初始分布可假定为无信息均匀分布；而参数集 θ 的概率可视作参数集 θ 的似然函数。参数集包含 P 个参数（$\theta_1,\theta_2,\cdots,\theta_P$），以实测值 $y_{n,\text{obs}}$ 为条件的 θ 的概率计算如下：

$$f(\theta|y_{n,\text{obs}})=\frac{1}{\sqrt{2\pi\sigma^2}}\exp\left[-\frac{(y_{n,\text{sim}}-y_{n,\text{obs}})^2}{2\sigma^2}\right] \tag{3.5-4}$$

或者

$$f(\theta|y_{n,\text{obs}})\propto\exp\left[-\frac{(y_{n,\text{sim}}-y_{n,\text{obs}})^2}{2\sigma^2}\right] \tag{3.5-5}$$

对包含 N 个实测值的时间序列 Y_{obs}，有如下公式：

$$f(\theta|Y_{\text{obs}})=\frac{1}{\left(\sqrt{2\pi\sigma^2}\right)^N}\prod_{n=1}^{N}\exp\left[-\frac{(y_{n,\text{sim}}-y_{n,\text{obs}})^2}{2\sigma^2}\right] \tag{3.5-6}$$

或者

$$f(\theta|Y_{\text{obs}})\propto\exp\left[-\frac{\sum_{n=1}^{N}(y_{n,\text{sim}}-y_{n,\text{obs}})^2}{2\sigma^2}\right] \tag{3.5-7}$$

对目标函数 SSQ_1 也是如此：

$$f(\theta|Y_{\text{obs}})\propto\exp\left(-\frac{\text{SSQ}_1}{2\sigma_1^2}\right) \tag{3.5-8}$$

式中，SSQ_1 为对应于方差 σ_1 的残差平方和。在式（3.5-8）中，目标函数与概率有关。由于 M 个目标函数相互独立，根据贝叶斯理论，联合概率可以通过将独立概率相乘计算得到

$$f(\theta|Y_{obs}) \propto \prod_{m=1}^{M} \exp\left(-\frac{SSQ_m}{2\sigma_m^2}\right) \qquad （3.5\text{-}9）$$

式（3.5-3）和式（3.5-9）可进一步改写如下：

$$f(\theta|Y_{obs}) \propto \prod_{m=1}^{M} \exp\left(-\frac{SSQ_m \cdot nobs_m}{2SSQ_{m,\min}}\right) \qquad （3.5\text{-}10）$$

式中，$nobs_m$ 是标号为 m 的模型实测值的个数。依据式（3.5-10），有

$$\ln[-f(\theta|Y_{obs})] \propto \sum_{m=1}^{M} \frac{SSQ_m \cdot N_m}{SSQ_{m,\min}} \qquad （3.5\text{-}11）$$

将全局最优准则定义如下：

$$GOC = \sum_{m=1}^{M} \frac{SSQ_m \cdot N_m}{SSQ_{m,\min}} \qquad （3.5\text{-}12）$$

根据式（3.5-11）和式（3.5-12），将联合概率与 GOC 结合起来：

$$f(\theta|Y_{obs}) \propto \exp(-GOC) \qquad （3.5\text{-}13）$$

因此，SSQ 的权重等于实测值的个数除以残差平方和最小值。然而，单个目标函数（SSQ 或 SSQR）的极小值一开始并不知道，可以通过 SCE-UA 算法不断更新目标函数值，进而求得其最小值，即 GOC 值。式（3.5-12）在计算 GOC 时考虑了所有目标函数的全局不确定性。

4. 不确定性分析

为了增加 SCE-UA 抽样对不确定性分析的有效性，对原始的 SCE-UA 算法进行改进，以避免将搜索范围聚焦到单个最佳参数周围的小区域而陷入局部最优，并探索一个完整的参数范围，避免算法集中在一个狭窄的解的集合中。具体如下：

（1）在算法每一次的集合更新中，采用随机抽样生成的点代替子复合形中最坏的结果。

（2）当参数值在参数范围之外时，默认这个取值为现有参数范围的边界值（最小值或最大值），而不是等于随机抽样值，这使得上下边界的缩小速度变慢。

ParaSol 算法使用两种方法区分模拟值的好坏。两种方法都根据目标函数（或全局优化准则）的临界值去判断"好"的模拟值，并认为目标函数值小于临界值为好的模拟值，临界值可由 χ^2 统计定义。

5. χ^2 方法

对 SSQ 单目标进行参数寻优时，SCE-UA 算法可以获得一个"最优"参数集 θ^*，参数集包含了对应于 SSQ 最小值的 P 个自由参数 $(\theta_1^*, \theta_2^*, \cdots, \theta_P^*)$。根据 χ^2 统计，使用如下公式定义临界值 c：

$$c = \mathrm{OF}(\theta^*) \cdot \left(1 + \frac{\chi_{P,0.95}^2}{N-P} \right) \qquad (3.5\text{-}14)$$

式中，N 为实测值的数目；θ^* 为最优参数组合；$\mathrm{OF}(\theta^*)$ 为率定参数的目标函数；$\chi_{P,0.95}^2$ 为 P 个参数值 χ^2 统计在置信水平 95% 条件下的计算值。对于多目标校正而言，P 个参数 GOC 的临界值和 95% 置信区间计算如下：

$$c = \mathrm{GOC}(\theta^*) \cdot \left(1 + \frac{\chi_{P,0.95}^2}{\sum\limits_{m=1}^{M} N_m - P} \right) \qquad (3.5\text{-}15)$$

所有 GOC$<c$ 的模拟值均被认为是"好"的模拟。

6. 贝叶斯方法

根据贝叶斯理论，参数集 θ 的概率 $f(\theta|Y_{\mathrm{obs}})$ 由式（3.5-13）表示。将概率进行规范化处理，确保对整个参数空间的积分等于 1，进而获得参数的累积分布函数及 95% 的置信区间估计。由于 SCE-UA 算法的参数寻优过程并不是随机抽样过程，而是重要性抽样过程，因此，可以通过以下步骤确定每个参数集的权重，进而避免出现抽样的高密度区域：

（1）将 P 个参数范围分为 K 个间隔。

（2）第 p 个参数在第 k（在 1 和 K 之间）个间隔（k_p）的抽样密度 $\mathrm{nsamp}(p,k)$ 等于 SCE-UA 算法运行时该间隔被抽样的次数。

给定参数集 θ_i 的权重可采用下述步骤估计：

（1）第 p 个参数，确定每个参数 $\theta_{i,p}$ 的间隔 k_p，并认为 SCE-UA 算法在该间隔的抽样次数等于 $\mathrm{nsamp}(p, k_p)$；

（2）参数集 θ_i 的权重可以计算如下：

$$W(\theta_i) = \frac{1}{\left[\displaystyle\prod_{p=1}^{P}\text{nsamp}\left(p, k_p\right)\right]^{1/P}} \quad\quad （3.5\text{-}16）$$

临界值 c 由以下步骤估计：

（1）根据概率递减原则，对所有的模拟参数集和 GOC 值排序；

（2）用参数集的权重乘以概率；

（3）对加权概率进行规范化处理：

$$\text{PT} = \sum_{i=1}^{S} W(\theta_i) \cdot f(\theta_i | Y_{\text{obs}}) \quad\quad （3.5\text{-}17）$$

式中，S 为 SCE-UA 模拟值的个数；$W(\theta_i)$ 为参数集 θ_i 的权重；$f(\theta_i | Y_{\text{obs}})$ 为参数集 θ_i 在实测值 Y_{obs} 条件下的概率。

（4）从排序 1 开始将规范后的加权概率相加，一直加到比累计概率极限（95% 或 97.5%）高；将与累计概率极限相应的或稍高的 GOC 值定义为临界值 c。

基于上述方法计算的临界值 c，选择"好"的参数集，提供参数的置信区间估计；与"好"的参数相对应的模型结果便可以提供模型输出的不确定性边界。

3.6　应　用　实　例

3.6.1　GLUE 方法应用实例

选用江西乐安河流域作为研究流域，采用 GLUE 方法分析新安江模型参数不确定性对水文模拟成果的影响[4]。乐安河发源于皖赣边境的大鱼山、五龙山，流经婺源、德兴、乐平、万年、波阳等县（市）；流域总面积为 8945km²，主河道长 279km，上游河长 144km，中游河长 46km，下游河长 89km。乐安河流域气候湿润，雨量充沛，多年径流深均值为 1014.5mm，年径流系数为 0.54。

选取 1993～2000 年 8 年资料作为计算数据，其中降雨、蒸发资料从流域上 14 个雨量站获得，流量资料选用虎山站资料。用泰森多边形法确定各个雨量站的面积权重系数，计算流域平均降雨量、蒸发量。降雨、蒸发、流量资料时间步长为 24h。

在采用新安江模型模拟流域洪水过程中，保持模型中的其余参数值不变，仅对参数蒸散发折算系数 KC、张力水蓄水容量曲线的方次 B、表层土自由水蓄水容量 SM、河网蓄水消退系数 CS 进行随机取样组合，KC 取值范围[0, 2]、B 取值范围[0, 1]、SM 取值范围[0, 150]、CS 取值范围[0, 1]。通过随机采样，获得在上述参数取值范围内均匀分布的随机数。本书选取 10000 组参数组，对 8 年的径流模拟过程进行 GLUE 分析，并采用确定性系数作为似然判据。表 3.6-1 给出了 14 组"异参同效"参数组。从中可以看出，尽管这 14 组参数对应的参数值大小存在差异，但其具有相似的确定性系数值，即不同的参数组合，可以达到相似的模拟精度。这表明在模型参数率定过程中，由于"异参同效"现象，参数的率定存在较大的不确定性。

表 3.6-1　几组"异参同效"参数组

KC	B	SM	CS	确定性系数
0.98	0.97	20.30	0.78	0.721
1.93	0.69	8.34	0.80	0.721
1.70	0.80	27.27	0.78	0.721
1.74	0.66	13.87	0.80	0.721
1.79	0.75	12.46	0.81	0.720
1.92	0.61	12.75	0.80	0.720
1.70	0.89	19.84	0.78	0.720
1.77	0.53	31.01	0.78	0.720
1.77	0.67	17.55	0.81	0.719
1.88	0.70	30.55	0.78	0.719
1.96	0.85	28.08	0.77	0.719
1.67	0.41	28.11	0.79	0.718
1.89	0.74	28.83	0.76	0.718
1.74	0.47	32.72	0.77	0.718

低于临界值的参数组似然值被赋为 0，对高于临界值的所有参数组似然值重新归一化，按似然值的大小，求出在置信度 95%下模型预报的不确定性范围。

以 2000 年为例，图 3.6-1 为虎山站置信度 95%下的区间预报过程。从图中可看出预报区间大小随流量变化，在高流量区，预报区间较大，而在低流量区，预报区间较小。此外，实测的流量过程有时并没有落入区间预报内，这是由于 GLUE 方法只量化了河道洪水预报中的参数不确定性，而未能量化模型输入、模型结构不确定性对模拟结果的影响。

图 3.6-2 为 2000 年虎山站洪峰处流量分布直方图，图中黑色的柱体表示真值

所在位置，靠近两端较深颜色的柱体是置信度 95%的区间预报上限和下限。

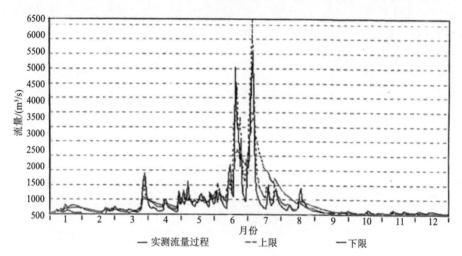

图 3.6-1　　2000 年虎山站洪水概率预报过程

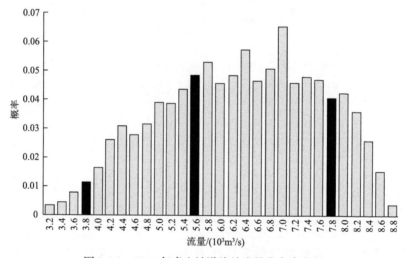

图 3.6-2　　2000 年虎山站洪峰处流量分布直方图

3.6.2　MCMC 方法应用实例

以浙江省开化县密赛流域为研究对象，分析 TOPMODEL 模型参数不确定性对水文模拟结果的影响[5]。流域面积为 700.6km^2，年降水量在 1500～2000mm，属湿润地区。采用 TOPMODEL 模型对 1982～1988 年的 9 场次洪水进行确定性模拟/预报。

在模拟/预报过程中，计算时段 Δt=1h，并将马斯京根法参数 K_e 也取为 Δt，为此需要进行敏感性分析的参数共 7 个，表 3.6-2 给出了这些参数的取值范围。

表 3.6-2　TOPMODEL 模型参数取值范围

取值	S_{zm} / m	$\ln T_0$ /(m² / h)	T_d	S_{max} / m	S_{r0} / m	R_V /(m / h)	CH_V /(m / h)
最小值	0	1	0	0.001	0	4000	100
最大值	0.05	10	30	0.100	0.05	8000	10000

以确定性系数 N_i 为目标函数，敏感性阈值 λ 取 0.2。分析表明，无论模型参数 T_0、T_d、CH_V 和 S_{max} 在取值范围内如何变化，目标函数 N_i 的变化幅度都小于敏感性阈值；而参数 S_{zm} 和 R_V 取值的微小改变都会对模拟结果造成较大影响，如图 3.6-3（a）所示。

图 3.6-3（b）采用 9 场次洪水对模型参数 S_{r0} 进行敏感性分析，从图中可以看出 S_{r0} 并不敏感。因此，土壤下渗率呈指数衰减的速率参数 S_{zm} 和地表坡面汇流的有效速度 R_V 为最敏感的两个参数。

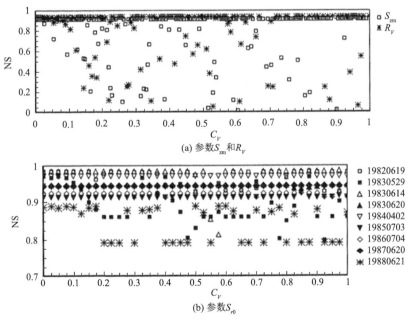

图 3.6-3　模型参数的 NS-C_V 关系

确定敏感性参数后，采用 MCMC 方法估计敏感性参数的分布函数。在 MCMC 方法中，采用均匀分布作为参数先验分布，并采用 AM 算法估计参数 S_{zm} 和 R_V 的后验分布。

AM 算法的配置：参数初始协方差矩阵 C_0 为对角矩阵，方差为参数取值范围（表 3.6-2）的 1/20；初始迭代次数 $i_0 = 1000$，算法平行运行 3 次，每次采样 5000 个样本。两个参数单一采样序列的 $R^{1/2}$ 变化过程如图 3.6-4 所示。

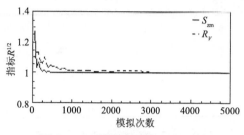

图 3.6-4　收敛指标值的变化过程

从图 3.6-4 可以看出，迭代初期 $(i<1000)$ 变化较剧烈；$i>1000$ 后，$R^{1/2}$ 趋于稳定，并接近于 1.0。这说明参数 S_{zm} 和 R_V 的 MCMC 采样序列均能稳定收敛到其参数的后验分布。将每一采样序列的前 1000 次采样舍去，这样 3 次平行试验共采集了 12000 个样本用于参数后验分布的统计分析。可以得到参数 S_{zm} 和 R_V 的后验分布，如图 3.6-5 所示。

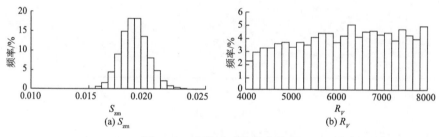

图 3.6-5　参数后验分布直方图

由图 3.6-5 可知，R_V 比 S_{zm} 具有更大的不确定性，分别取后验分布的众数作为 S_{zm} 和 R_V 的点估值，并与传统的 Ronsenbrock 方法优化结果[16]一同列于表 3.6-3。

表 3.6-3　MCMC 法和 Ronsenbrock 方法优化结果对比表

名称	MCMC 方法后验分布的众数	Ronsenbrock 方法优化值	相对误差/%
S_{zm}	0.019	0.02	5
R_V	6300	5000	26

由表 3.6-3 可知，S_{zm} 的贝叶斯点估值与优化值较为接近，而 R_V 相差较大。由此说明，具有较小不确定性的参数更可能得到合理的率定结果。相反，若参数

不确定较大，则更可能出现异参同效现象。

将 S_{zm} 和 R_V 的 MCMC 抽样值输入 TOPMODEL 中（其他输入变量及模型参数取自文献[16]），得到预报变量的经验分布，根据该分布可以构造不同置信度的区间预报结果。同时，采用 S_{zm} 和 R_V 的贝叶斯点估值也可得到预报过程线。图 3.6-6 提供了贝叶斯点估值（参数采用后验分布的众数）、优化参数的预报结果及置信度 90%的区间预报结果。

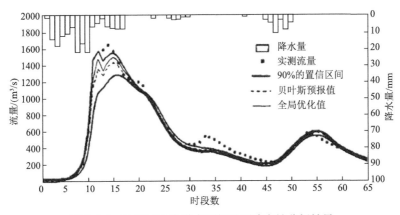

图 3.6-6　19820619 次洪水预报及不确定性分析结果

从图 3.6-6 可以看出，预报区间的大小随流量而变，在高流量区较大，在低流量区较小。此外，置信度 90%的预报区间可以覆盖大多数的实测数据，这表明在TOPMODEL 模型中，考虑了敏感性参数的不确定性，就可以较为有效地量化预报结果的不确定性。但是，这一预报区间并没有覆盖所有的实测流量值，这表明仅通过敏感性参数的不确定性或仅考虑参数的不确定性，并不能对预报过程的不确定性做出全面的评价。

参 考 文 献

[1] Beven K, Binley A. The future of distributed models: model calibration and uncertainty prediction. Hydrological Processes, 1992, 3(6): 279-298.

[2] Abbaspour K C, Genuchten M T, Schulin R, et al. A sequential uncertainty domain inverse procedure for estimating subsurface flow and transport parameters. Water Resources Research, 1997, 33(8): 1879-1892.

[3] van Griensven A, Meixner T. Dealing with unidentifiable sources of uncertainty within environmental models. The International Environmental Modelling and Software Society Conference, 2004, Osnabrück, Germany.

[4] 李胜, 梁忠民. GLUE 方法分析新安江模型参数不确定性的应用研究. 东北水利水电,

2006(2): 31-33.

[5] 梁忠民, 李彬权, 余钟波, 等. 基于贝叶斯理论的 TOPMODEL 参数不确定性分析. 河海大学学报(自然科学版), 2009, 37(2): 129-132.

[6] 刘娜. GLUE 方法在新安江模型中的应用. 南京: 河海大学, 2008.

[7] 茆诗松. 贝叶斯统计. 北京: 中国统计出版社, 1999.

[8] Gelfand A E, Smith A F M. Sampling-based approaches to calculating marginal densities. Journal of the American Statistical Association, 1990, 85: 398-409.

[9] Metropolis N, Rosenbluth A W, Rosenbluth M N, et al. Equation of state calculations by fast computing machines. The Journal of Chemical Physics, 1953, 21(6): 1087-1092.

[10] Hastings W K. Monte Carlo sampling methods using Markov chains and their applications. Biometrika, 1970, 57(1): 97-109.

[11] Haario H, Saksman E, Tammine J. An adaptive Metropolis algorithm. Bernoulli, 2001, 2(7): 223-242.

[12] Gelman, Andrew, Rubin, Donald B. Inference from iterative simulation using multiple sequences. Statistical Science, 1992, 7(4): 457-472.

[13] Abbaspour K C, Johnson C A, van Genuchten M T. Estimating uncertain flow and transport parameters using a sequential uncertainty fitting procedure. Vadose Zone Journal, 2004, 3: 1340-1352.

[14] Duan Q, Sorooshian S, Gupta V. Effective and efficient global optimization for conceptual rainfall-runoff models. Water Resources Research, 1992, 28(4): 1015-1031.

[15] van Griensven A, Meixner T. A global and efficient multi-objective auto-calibration and uncertainty estimation method for water quality catchment models. Journal of Hydroinformatics, 2007, 9(4): 277.

[16] 姚成. 基于栅格的分布式新安江模型构建与分析. 南京: 河海大学, 2007.

第4章 考虑模型结构不确定性的洪水概率预报

20世纪七八十年代中期，流域水文模型在世界范围内蓬勃发展，学者研制了诸多具有不同模型结构的水文模型，在生产实际中取得了较好的应用效果，如新安江模型、斯坦福模型、萨克拉门托模型和水箱模型等。然而，所有的水文模型都只是对自然物理过程的近似描述，不可能完全反映真实水文过程的特性，这种水文模型本质上（结构）的不确定性，使得预报结果也必然具有不确定性。目前关于模型结构不确定性的研究相对较少，而基于"多模型集成综合"和"模型结构分解-组合"思想的模型结构不确定性分析思路是目前的主要方法，如模型结构误差解读框架（framework for understanding structural errors，FUSE）[1]、贝叶斯模型平均（Bayesian model averaging，BMA）方法[2, 3]等。本章主要介绍 FUSE 和 BMA 方法，并提供相应的典型应用案例。

4.1 模型结构分解-组合方法

4.1.1 分解-组合原理

目前，被广泛应用于洪水预报中的概念性水文模型，是以物理成因为基础，对水文现象提出假设、概化和数学模拟的一类模型。根据研究区域的具体条件，不同水文模型的假定和概化方式不同。例如，南方湿润地区土层较厚，因此新安江模型（湿润地区模型）考虑了土层对降雨的含蓄作用；西部干旱地区土层薄，暴雨强度大，因此，超渗产流模型（干旱、半干旱区模型）着重考虑暴雨强度对产流的影响；而高寒地区，冻土广布，普通的产汇流规律难以满足模拟的需求，该地区的预报模型需要考虑冻土层的降雨径流规律等。

一般的自然流域，地形各异，气候条件交错分布，水文气象条件复杂多变，降雨径流过程往往同时受到诸多不同因素的影响，因此，采用单一的模型结构对流域降雨径流过程进行模拟，存在较大的不确定性，即模型结构不确定性。对现有的概念性水文模型进行分解，并根据流域实际条件进行组合，是目前研究模型结构不确定性的一种途径，即"模型结构分解-组合"思想。目前，对预报模型进行分解-组合的方式主要有两类：一类是通过模块重组方式，将水文模型模块化，如分解为蒸发模块、产流模块等，再根据流域具体条件进行模块重组，也可以在现有水文模型中引入额外的计算模块，如混合产流机制的新安江模型等[4]。另一类是通过变量传递的方式，将水文模型的计算过程公式化分解，然后根据流域情况，将来自不同模型的公式通过相同的变量进行组合连接，如2008年Clark等[1]构建的模型结构误差解读框架（FUSE）等。

第一类分解–组合方式仅仅是对计算模块进行重组，操作简单，计算迅速，是目前较为常用的方法；第二类方式将模型分解至公式层面再进行重组，是真正意义上的分解–组合过程，从根本上对模型结构进行研究，因此，本书以FUSE为例，对第二类分解–组合方式进行着重介绍。

4.1.2   模型结构误差解读框架

2008年Clark等[1]构建了一个灵活架构的水文模型框架——模型结构误差解读框架（FUSE），探求模型结构对水文预报结果的影响程度。FUSE中，通过对现有的4个集总式水文模型Precipitation-run Off Modeling System（PRMS）、NWS Sacramento模型（SAC-NWS）、TOPMODEL模型、Different Versions of the Variable Infiltration Capacity模型（ARNO/VIC）的分解与再组，形成了一个结构灵活的水文预报模型框架。在这一框架中，垂向土层大致被分为两层（包气带和饱和带），在每个土层内有多个可供选择的计算模块，土层之间通过通量进行连接。为了便于研究，FUSE忽略了上述四个模型中植被截留、融雪产流等过程，着重考虑蒸发、下渗、地面径流、壤中流和基流等通量，并根据它们的状态方程和通量参数建立79个结构不同的水文模型。Clark等[1]根据这79个结构各异的水文模型，对模型结构不确定性开展讨论研究。详细模型分解–重组过程如下。

首先，FUSE将降雨径流过程分解为上层土壤含水量计算、下层土壤含水量计算、蒸发计算等9个模块，并保留了上述四个模型（PRMS、SAC-NWS、TOPMODEL和ARNO/VIC）中各模块的计算方法。然后，以状态变量和通量作为连接桥梁，将这些模块的各个计算方法进行重组，即模块重组。表4.1-1和表4.1-2定义了FUSE中的模型状态变量和模型通量，表4.1-3和表4.1-4定义了模型参数。具体计算模块如下。

表 4.1-1   模型状态变量

变量参数	含义	单位
S_1	上层土壤总含水量	mm
S_1^T	上层土壤张力水含水量	mm
S_1^{TA}	上层土壤主要张力含水量	mm

续表

变量参数	含义	单位
S_1^{TB}	上层土壤次要张力含水量	mm
S_1^{F}	上层土壤自由水含水量	mm
S_2	下层土壤总含水量	mm
S_2^{T}	下层土壤张力含水量	mm
S_2^{FA}	主要基流存储的自由水含水量	mm
S_2^{FB}	次要基流存储的自由水含水量	mm

表 4.1-2　模型通量

变量参数	含义	单位
p	降雨	mm/d
pet	潜在蒸发量	mm/d
e_1	来自上层土壤蒸发量	mm/d
e_2	来自下层土壤蒸发量	mm/d
e_1^{A}	来自主要张力存储蒸发量	mm/d
e_1^{B}	来自次要张力存储蒸发量	mm/d
q_{sx}	地表径流	mm/d
q_{12}	从上层土壤到下层土壤的渗流量	mm/d
q_{if}	壤中流	mm/d
q_{b}	基流	mm/d
q_b^{A}	来自主要存储的基流	mm/d
q_b^{B}	来自次要存储的基流	mm/d
q_{urof}	土壤主要张力存储区产生溢流	mm/d
q_{utof}	上层土壤张力存储区产生溢流	mm/d
q_{ufof}	上层土壤自由存储区产生溢流	mm/d
q_{stof}	下层土壤张力存储区产生溢流	mm/d
q_{sfof}	下层土壤自由存储区产生溢流	mm/d
q_{sfofa}	下层土壤主要基流存储区产生溢流	mm/d
q_{sfofb}	下层土壤次要基流存储区产生溢流	mm/d

表 4.1-3   可调节模型参数

参数	含义	单位	下界	上界
$S_{1,\max}$	上层蓄水容量	mm	50.000	5000.000
$S_{2,\max}$	下层蓄水容量	mm	100.000	10000.000
r_1	上层土壤蒸发所占比例	—	0.050	0.950
k_u	渗透率	mm/d	0.010	1000.000
c	渗流指数	—	1.000	20.000
α	下层渗流乘数	—	1.000	250.000
ψ	下层渗流指数	—	1.000	5.000
κ	下渗到张力存储的比例	—	0.050	0.950
k_i	壤中流速度	mm/d	0.010	1000.000
k_s	基流速度	mm/d	0.001	10000.000
n	基流指数	—	1.000	10.000
v	单一存储基流消耗速度	d^{-1}	0.001	0.250
v_A	主要存储基流消耗速度	d^{-1}	0.001	0.250
v_B	次要存储基流消耗速度	d^{-1}	0.001	0.250
$A_{c,\max}$	最大产流面积	—	0.050	0.950
b	ARNO/VIC "b" 指数	—	0.001	3.000
λ	对数转换地形指数分布的平均值	m	5.000	10.000
χ	确定地形指数分布的形状参数	—	2.000	5.000
μ_T	径流时间滞时	d	0.010	5.000

表 4.1-4   衍生模型参数

参数	含义	单位	公式
$S_{1,\max}^{T}$	上层张力蓄水容量	mm	$S_{1,\max}^{T}=\phi_{\text{tens}}S_{1,\max}$
$S_{2,\max}^{T}$	下层张力蓄水容量	mm	$S_{2,\max}^{T}=\phi_{\text{tens}}S_{2,\max}$
$S_{1,\max}^{F}$	上层自由水蓄水容量	mm	$S_{1,\max}^{F}=\left(1-\phi_{\text{tens}}\right)S_{1,\max}$
$S_{2,\max}^{F}$	下层自由水蓄水容量	mm	$S_{2,\max}^{F}=\left(1-\phi_{\text{tens}}\right)S_{2,\max}$
$S_{1,\max}^{TA}$	主要张力水蓄水容量	mm	$S_{1,\max}^{TA}=\phi_{\text{rchr}}S_{1,\max}^{T}$
$S_{1,\max}^{TB}$	次要张力水蓄水容量	mm	$S_{1,\max}^{TB}=\left(1-\phi_{\text{rchr}}\right)S_{1,\max}^{T}$

续表

参数	含义	单位	公式
$S_{2,\max}^{FA}$	主要基流蓄水容量	mm	$S_{2,\max}^{FA}=\phi_{base}S_{2,\max}^{F}$
$S_{2,\max}^{FB}$	次要基流蓄水容量	mm	$S_{2,\max}^{FB}=\left(1-\phi_{base}\right)S_{2,\max}^{F}$
r_2	下层土壤蒸发固定的比例	—	$r_2=1-r_1$
λ_n	幂转换地形指数平均值	m	式（4.1-7）

1. 上层土壤含水量

上层土壤含水量可以分别定义为一个状态变量 S_1 [TOPMODEL 和 ARNO/VIC，式（4.1-1a）]、两个状态变量 [张力水含水量 S_1^T 和自由水含水量 S_1^F，SAC-NWS，式（4.1-1b）]、三个状态变量 [张力水主要含水量 S_1^{TA}、次要张力含水量 S_1^{TB} 和自由水含水量 S_1^F，PRMS，式（4.1-1c）]。

$$\frac{\mathrm{d}S_1}{\mathrm{d}t}=(p-q_{sx})-e_1-q_{12}-q_{if}-q_{ufof} \tag{4.1-1a}$$

$$\begin{cases}\dfrac{\mathrm{d}S_1^T}{\mathrm{d}t}=(p-q_{sx})-e_1-q_{utof}\\[2mm]\dfrac{\mathrm{d}S_1^F}{\mathrm{d}t}=q_{utof}-q_{12}-q_{if}-q_{ufof}\end{cases} \tag{4.1-1b}$$

$$\begin{cases}\dfrac{\mathrm{d}S_1^{TA}}{\mathrm{d}t}=(p-q_{sx})-e_1^A-q_{urof}\\[2mm]\dfrac{\mathrm{d}S_1^{TB}}{\mathrm{d}t}=q_{urof}-e_1^B-q_{utof}\\[2mm]\dfrac{\mathrm{d}S_1^F}{\mathrm{d}t}=q_{utof}-q_{12}-q_{if}-q_{ufof}\end{cases} \tag{4.1-1c}$$

式中，状态变量和通量分别在表 4.1-1 和表 4.1-2 中定义。式（4.1-1b）和式（4.1-1c）中，当张力含水量达到饱和，降雨加到自由含水量中（由 q_{utof} 表示，详见下文 "8. 溢流" 一节）。根据式（4.1-1a），可以估计变量 $S_1^T=\min(S_1,S_{1,\max}^T)$ 和变量 $S_1^F=\max(0,S_1-S_{1,\max}^T)$。根据式（4.1-1b），可以估计变量 $S_1=S_1^T+S_1^F$。根据式（4.1-1c），可以估计 $S_1^T=S_1^{TA}+S_1^{TB}$ 和 $S_1=S_1^{TA}+S_1^{TB}+S_1^F$。

2. 下层土壤含水量

下层土壤含水量可以分别定义为单个不计算蒸发的状态变量 [TOPMODEL 和

PRMS，式（4.1-2a）]、单个计算蒸发的状态变量[ARNO/VIC，式（4.1-2b）]、三个状态变量[SAC-NWS，式（4.1-2c）]。

$$\frac{\mathrm{d}S_2}{\mathrm{d}t} = q_{12} - q_{\mathrm{b}} \tag{4.1-2a}$$

$$\frac{\mathrm{d}S_2}{\mathrm{d}t} = q_{12} - e_2 - q_{\mathrm{b}} - q_{\mathrm{sfof}} \tag{4.1-2b}$$

$$\begin{cases} \dfrac{\mathrm{d}S_2^{\mathrm{T}}}{\mathrm{d}t} = \kappa q_{12} - e_2 - q_{\mathrm{stof}} \\[2mm] \dfrac{\mathrm{d}S_2^{\mathrm{FA}}}{\mathrm{d}t} = \dfrac{(1-\kappa)q_{12}}{2} + \dfrac{q_{\mathrm{stof}}}{2} - q_{\mathrm{b}}^{\mathrm{A}} - q_{\mathrm{sfofa}} \\[2mm] \dfrac{\mathrm{d}S_2^{\mathrm{FB}}}{\mathrm{d}t} = \dfrac{(1-\kappa)q_{12}}{2} + \dfrac{q_{\mathrm{stof}}}{2} - q_{\mathrm{b}}^{\mathrm{B}} - q_{\mathrm{sfofb}} \end{cases} \tag{4.1-2c}$$

式中，状态变量和通量分别在表 4.1-1 和表 4.1-2 中定义。根据式（4.1-2b），可以估计张力水含水量（计算蒸发）为 $S_2^{\mathrm{T}} = \min(S_2, S_{2,\max}^{\mathrm{T}})$。根据式（4.1-2c），可以计算下层土壤总含水量为 $S_2 = S_2^{\mathrm{T}} + S_2^{\mathrm{FA}} + S_2^{\mathrm{FB}}$。

3. 蒸发

对两层土壤间蒸发进行建模时，可以有两种建模方式：连续方程建模和固定权重建模。采用连续方程建模时，潜在蒸发量（pet）首先来自上层土壤蒸发，其他剩余蒸发量来自下层土壤蒸发。

$$e_1 = \mathrm{pet} \times \frac{\min(S_1^{\mathrm{T}}, S_{1,\max}^{\mathrm{T}})}{S_{1,\max}^{\mathrm{T}}} \tag{4.1-3a}$$

$$e_2 = (\mathrm{pet} - e_1)\frac{\min(S_2^{\mathrm{T}}, S_{2,\max}^{\mathrm{T}})}{S_{2,\max}^{\mathrm{T}}} \tag{4.1-3b}$$

采用固定权重方式建模时，每层土壤的蒸发比例固定。

$$e_1 = \mathrm{pet} \times r_1 \frac{\min(S_1^{\mathrm{T}}, S_{1,\max}^{\mathrm{T}})}{S_{1,\max}^{\mathrm{T}}} \tag{4.1-3c}$$

$$e_2 = \mathrm{pet} \times r_2 \frac{\min(S_2^{\mathrm{T}}, S_{2,\max}^{\mathrm{T}})}{S_{2,\max}^{\mathrm{T}}} \tag{4.1-3d}$$

式中，r_1 和 r_2 为上层和下层土壤蒸发固定的比例（$r_1 + r_2 = 1$）。由式（4.1-3a）～
式（4.1-3d）可知，当土壤含水量为田间持水量时（假定 $r_2 > 0$），固定权重方法
计算的下层土壤蒸发量更大。

在模型应用时，需要根据实际情况调整模型的参数化方案。例如，PRMS 模
型中，考虑了上层土壤的两个张力水含水量[参考状态方程式（4.1-1c）]，因此，
在采用式（4.1-3a）和式（4.1-3b）或（4.1-3c）和式（4.1-3d）计算蒸发通量 e_1^A 和
e_1^B 时，需要相应地替换公式中的张力水含水量。此外，在 TOPMODEL 模型中，
蒸发只来自上层土壤，因此，采用式（4.1-3a）进行蒸发计算。

4. 渗流

FUSE 在计算渗流时，采用三种计算模块：

$$q_{12} = k_u \left(\frac{S_1}{S_{1,\max}} \right)^c \tag{4.1-4a}$$

$$q_{12} = k_u \left(\frac{S_1^F}{S_{1,\max}^F} \right)^c \tag{4.1-4b}$$

$$q_{12} = q_0 d_{lz} \left(\frac{S_1^F}{S_{1,\max}^F} \right) \tag{4.1-4c}$$

式中，q_0 为饱和含水量状态的基流[由式（4.1-6）计算]；d_{lz} 为下层土壤的渗流。

$$d_{lz} = 1 + \alpha \left(\frac{S_2}{S_{2,\max}} \right)^\psi \tag{4.1-4d}$$

式（4.1-4a）（ARNO/VIC）等同于理查德公式中重力排水项，并且采用一个较大
的指数 c 将排水量限制在田间持水量以下。而式（4.1-4b）（PRMS）不允许排水
量在田间持水量以下，并且这个指数经常接近于 1。式（4.1-4c）（SAC-NWS）
中渗流受下层土壤含水量影响，当下层土壤含水量较少时，渗流速度较快。

5. 壤中流

FUSE 中，采用如下方式计算壤中流：

$$q_{if} = 0 \tag{4.1-5a}$$

$$q_{if} = k_i \left(\frac{S_1^F}{S_{1,\max}^F} \right) \tag{4.1-5b}$$

由于 TOPMODEL 和 ARNO/VIC 中没有明确的壤中流计算模块，因此，允许壤中流为 0。

6. 基流

FUSE 中，采用以下四种方式计算基流：

$$q_b = \nu S_2 \tag{4.1-6a}$$

$$q_b = \nu_A S_2^{FA} + \nu_B S_2^{FB} \tag{4.1-6b}$$

$$q_b = k_s \left(\frac{S_2}{S_{2,max}} \right)^n \tag{4.1-6c}$$

$$q_b = \frac{k_s m}{\lambda_n^n} \left(\frac{S_2}{mn} \right)^n \tag{4.1-6d}$$

上述四个公式分别采用一个线性水库[PRMS，式（4.1-6a）]、两个平行线性水库[SAC-NWS，式（4.1-6b）]、一个非线性蓄水函数[ARNO/VIC，式（4.1-6c）]、幂指数[TOPMODEL，式（4.1-6d）]来计算基流。在式（4.1-6d）中，由下层土壤蓄水容量 $mn = S_{2,max}$ 可知，下层土壤深度比例参数 $m = S_{2,max}/n$。此外，参数 λ_n 是地形转换指数，其计算公式为

$$\lambda_n = \int_0^\infty \left[\exp(\zeta)^{\frac{1}{n}} \right] f(\zeta) \mathrm{d}\zeta \tag{4.1-7}$$

式中，ζ 为地形指数，可以从地形资料中导出；$f(\zeta)$ 为地形指数分布，一般采用三参数伽马分布[5]：

$$f(\zeta) = \frac{1}{\chi \Gamma(\phi)} \left(\frac{\zeta - \mu}{\chi} \right)^{\phi-1} \exp\left(-\frac{\zeta - \mu}{\chi} \right) \tag{4.1-8}$$

变量 $\zeta = \ln(a/\tan\beta)$ 的均值为 $\lambda = \chi\phi + \mu$，方差为 $\chi^2\phi$，其中，$\phi = (\lambda - \mu)/\chi$。平均值 λ 和形状参数 χ 都是可调参数，一般偏移值 $\mu = 3$。

基流计算模块往往与下层土壤计算模块紧密相关：采用单一线性水库[式（4.1-6a）]计算基流时，下层土壤会采用一个无限大的单一水库状态方程[式（4.1-2a）]计算含水量；采用两个平行线性水库[式（4.1-6b）]计算基流时，下层土壤会采用状态方程[式（4.1-2c）]描述的两个平行线性水库来计算含水量；采用非线性蓄水函数[式（4.1-6c）]方法计算基流时，下层土壤会采用固定尺寸的单

一水库[式（4.1-2b）]来计算含水量；采用幂指数[式（4.1-6d）]方法计算基流时，下层土壤会采用无限大的单一水库来计算含水量[式（4.1-2a）]。其他基流计算模块与下层土壤含水量计算模块的组合虽然理论上可行，但在实际组合过程中存在矛盾，因此，下层土壤计算模块直接决定了基流计算模块。

7. 地表径流

FUSE 中，饱和区面积 A_c 计算公式如下：

$$A_c = \frac{S_1^{\mathrm{T}}}{S_{1,\mathrm{max}}^{\mathrm{T}}} A_{c,\mathrm{max}} \tag{4.1-9a}$$

$$A_c = 1 - \left(1 - \frac{S_1}{S_{1,\mathrm{max}}}\right)^b \tag{4.1-9b}$$

$$A_c = \int_{\zeta^{\mathrm{crit}}}^{\infty} f(\zeta)\,\mathrm{d}\zeta \tag{4.1-9c}$$

式（4.1-9a）～式（4.1-9c）并没有严格依据 PRMS、ARNO/VIC 和 TOPMODEL 模型，ζ^{crit} 为饱和区临界（幂变换）地形指数值[6]：

$$\zeta_{\mathrm{n}}^{\mathrm{crit}} = \lambda_{\mathrm{n}} \left(\frac{S_2}{S_{2,\mathrm{max}}}\right)^{-1} \tag{4.1-10a}$$

转换到对数空间：

$$\zeta^{\mathrm{crit}} = \ln[(\zeta_{\mathrm{n}}^{\mathrm{crit}})^n] \tag{4.1-10b}$$

式（4.1-9c）中的积分可由不完全伽马函数进行求解。此时，蓄满产流建模可简化为

$$q_{\mathrm{sx}} = A_c p \tag{4.1-11}$$

8. 溢流

当土层的含水量达到饱和，并仍有降雨发生时，会产生溢流。在上层土壤中，降雨首先作用于主要张力水，产生张力水溢流 q_{urof}。其次作用于次要张力水[式（4.1-1c）]，产生溢流 q_{utof}。最后作用于自由水[式（4.1-1b）和式（4.1-1c）]，产生溢流 q_{ufof}，即地表径流[式（4.1-1a）～式（4.1-1c）]。在下层土壤中，垂向排水 q_{12} 首先作用于张力水，产生张力水溢流 q_{stof}，然后作用于自由水[式（4.1-2c）]，产生基流[式（4.1-2b）和式（4.1-2c）]。在溢流产生过程中，Kavetski 和 Kuczera[7]

采用逻辑函数来处理相关含水量的临界值，使溢流计算过程更为光滑连续：

$$q_{urof} = (p - q_{sx})\Phi(S_1^{TA}, S_{1,max}^{TA}, \omega) \tag{4.1-12a}$$

$$q_{utof} = \begin{cases} (p - q_{sx})\Phi(S_1^{T}, S_{1,max}^{T}, \omega) \\ q_{urof}\Phi(S_1^{TB}, S_{1,max}^{TB}, \omega) \end{cases} \tag{4.1-12b}$$

$$q_{ufof} = \begin{cases} (p - q_{sx})\Phi(S_1, S_{1,max}, \omega) \\ q_{utof}\Phi(S_1^{F}, S_{1,max}^{F}, \omega) \end{cases} \tag{4.1-12c}$$

$$q_{stof} = \kappa q_{12}\Phi(S_2^{T}, S_{2,max}^{T}, \omega) \tag{4.1-12d}$$

$$q_{sfof} = q_{12}\Phi(S_2, S_{2,max}, \omega) \tag{4.1-12e}$$

$$q_{sfofa} = \left[\frac{(1-\kappa)q_{12}}{2} + \frac{q_{stof}}{2}\right]\Phi(S_2^{FA}, S_{2,max}^{FA}, \omega) \tag{4.1-12f}$$

$$q_{sfofb} = \left[\frac{(1-\kappa)q_{12}}{2} + \frac{q_{stof}}{2}\right]\Phi(S_2^{FB}, S_{2,max}^{FB}, \omega) \tag{4.1-12g}$$

式（4.1-12a）～式（4.1-12g）中，逻辑函数 $\Phi(S, S_{max}, \omega)$ 的计算公式为

$$\Phi(S, S_{max}, \omega) = \frac{1}{1 + \exp\left(\dfrac{S - S_{max} - \omega\varepsilon}{\omega}\right)} \tag{4.1-12h}$$

式中，ω 为平滑程度（ $\omega = \rho S_{max}$ ），并且 $\varepsilon = 5$ 是一个确保含水量小于蓄水容量的乘数，ρ 为决定平滑程度的一个参数，一般取 $\rho = 0.01$。

9. 径流路径模拟

采用两参数伽马分布计算汇流滞时：

$$P(a, x) = \frac{\gamma(a, x)}{\Gamma(a)} \tag{4.1-13a}$$

式中，$\gamma(\cdot)$ 为不完全伽马分布；a 为伽马分布的形状参数；径流路径 x 采用下式计算：

$$x = \tau \frac{a}{\mu_{\Gamma}} \tag{4.1-13b}$$

式中，τ 为滞时（d）；μ_{Γ} 为伽马分布的平均值（d），是一个可调参数。式（4.1-13a）中的形状参数是固定的（ $a=3$ ），可用来计算下一时段的径流出流量。

10. 多模型配置

　　将上述不同模块进行重新组合,得到不同组合方案(即不同结构的预报模型),这就是 FUSE 模型的主要内核。各个模块在重组过程中,需要考虑不同模块间的衔接问题,为了减少衔接过程的计算耗时,FUSE 进行了如下简化。

　　(1)采用式(4.1-1a)~式(4.1-1c)计算上层土壤含水量;

　　(2)采用式(4.1-2a)~式(4.1-2c)计算下层土壤含水量,并采用式(4.1-6a)~式(4.1-6d)作为与之相关的基流计算公式;

　　(3)式(4.1-4a)~式(4.1-4c)作为渗流计算公式;

　　(4)采用式(4.1-9a)~式(4.1-9c)计算饱和区面积和地表径流;

　　(5)采用连续方程建模计算蒸发量;

　　(6)忽略壤中流;

　　(7)模型以天为时间步长,因此可以忽略超渗产流过程;

　　(8)采用伽马分布模拟径流路径。

　　通过上述简化,可以得到 108 种可能的模块组合/预报模型(3×4×3×3),其中,基流计算公式[式(4.1-6a)~式(4.1-6d)]与下层结构的选择紧密相关[式(4.1-2a)~式(4.1-2c)],两者共提供了 4 种模块组合方式,而不是 4×3 种。此外,存在一些冲突的模块组合,扣除这些冲突的模块组件,可以获得 79 种预报模型用于后续的分析计算。

4.2　贝叶斯模型平均法

4.2.1　基本原理

　　贝叶斯模型平均(BMA)[2, 3]法是一种基于贝叶斯理论将不同模型结果进行综合的分析方法。由于不同预报模型具有不同的结构特征,都是从某些方面对客观的水文过程进行概化描述,因此对于同样的模型输入而言,不同的模型会给出不同的预报结果,这也表明了洪水预报模型选择存在不确定性。基于 BMA 方法,对不同模型在相同输入条件下进行"并行"运算,可以发挥不同模型的优势,降低单个模型预报的不确定性,提供更可靠及精度更高的预报结果。

　　BMA 应用于洪水预报不确定性分析的基本方法可描述如下:用 y 代表预报变量,$D_{obs}=\{y_1, y_2, \cdots, y_T\}$ 代表实测流量样本序列,$M=\{M_1, M_2, \cdots, M_k\}$ 代表所有预报模型组成的模型空间。贝叶斯模型平均法,就是要推求在给定样本 D_{obs} 情况下,综合预报变量 y 的后验概率密度函数:

$$p\left(y\middle|D_{\mathrm{obs}}\right)=\sum_{i=1}^{k}P\left(M_{i}\middle|D_{\mathrm{obs}}\right)p\left(y\middle|M_{i},D_{\mathrm{obs}}\right) \qquad (4.2\text{-}1)$$

式中，$p\left(y\middle|M_{i},D_{\mathrm{obs}}\right)$ 为在给定样本 D_{obs} 和模型 M_{i} 条件下预报变量的后验概率密度函数；$P\left(M_{i}\middle|D_{\mathrm{obs}}\right)$ 为在给定 D_{obs} 情况下 M_{i} 为最优模型的概率。

　　综上可知，基于 BMA 框架的预报变量 y 的合成预报实际上是以各模型的后验概率 $P\left(M_{i}\middle|D_{\mathrm{obs}}\right)$ 为权重，对所有模型的后验分布 $p\left(y\middle|M_{i},D_{\mathrm{obs}}\right)$ 进行加权平均。这是一种变权估计，即权重将随着模型预报精度的改变而发生变化，近期预报精度越高的模型将被赋予越大的权重；反之亦然，从而提高综合模型的实时预报精度，同时提供大量的不确定性信息，如均值、方差、不同置信水平对应的预报区间等。BMA 方法计算流程如图 4.2-1 所示。

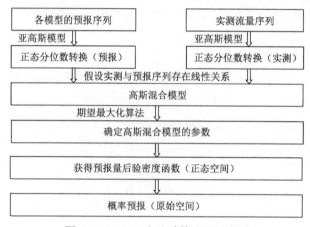

图 4.2-1　BMA 方法计算流程示意图

4.2.2　BMA 模型关键技术

　　根据 BMA 方法，推求得到预报量 y 的综合概率分布，其形式往往很复杂，难以显式求解。为此，可以结合亚高斯（meta-Gaussian）模型，在正态空间中对转换后的时间序列进行线性假设，构造高斯混合模型，并采用期望最大化（expectation-maximization，EM）算法估计模型参数，推得预报量的概率分布，实现概率预报。

1. 亚高斯模型

　　亚高斯模型的核心内容就是正态分位数转换（normal quantile transform，NQT）。NQT 是已知变量的边缘分布函数，并假定其服从正态分布且严格递增，从而推求该变量相应的正态分位数。令 Q 表示标准正态分布，则实测序列 y_t、模型 M_i 预报序列 f_{it} 转换后的正态分位数分别为

$$y_t' = Q^{-1}\big(\Gamma(y_t)\big) \qquad t=1,\cdots,T \tag{4.2-2}$$

$$f_{it}' = Q^{-1}\big(\varphi(f_{it})\big) \qquad t=1,2,\cdots,T \tag{4.2-3}$$

式中，T 为时间序列长度；y_t'、f_{it}' 分别为 y_t、f_{it} 的正态分位数；Γ、φ 分别为 y_t、f_{it} 在初始空间中的边缘分布函数。实际操作中，设实测或预报流量序列服从三参数 Weibull 分布，因此其概率密度函数为

$$\mathrm{wb}(s;\zeta,\beta,\delta) = -\frac{\delta}{\beta}\left(\frac{s-\zeta}{\beta}\right)^{\delta-1}\cdot\exp\left(-\left(\frac{s-\zeta}{\beta}\right)^{\delta}\right) \quad \zeta < s < +\infty \tag{4.2-4}$$

相应的分布函数为

$$F(s) = P(S<s) = \exp\left[-\big\{(s-\zeta)/\beta\big\}^{\delta}\right] \tag{4.2-5}$$

式中，β、δ 和 ζ 分别为尺度参数、形状参数和位置参数。

三参数 Weibull 分布的参数估计方法采用线性矩法[8]，其定义为

线性矩：
$$\lambda_r = \int_0^1 x(u) P_{r-1}^*(u)\mathrm{d}u \tag{4.2-6}$$

L-Cv：
$$\tau = \frac{\lambda_2}{\lambda_1} \tag{4.2-7}$$

其他 L-矩比：
$$\tau_r = \frac{\lambda_r}{\lambda_2} \qquad r=3,4,\cdots \tag{4.2-8}$$

式中，λ_r 为 r 阶线性矩。根据概率权重矩的定义，线性矩可以写为

$$\begin{aligned}
\lambda_1 &= \beta_0 \\
\lambda_2 &= 2\beta_1 - \beta_0 \\
\lambda_3 &= 6\beta_2 - 6\beta_1 + \beta_0 \\
\lambda_4 &= 20\beta_3 - 30\beta_2 + 12\beta_1 - \beta_0 \\
&\vdots
\end{aligned} \tag{4.2-9}$$

将流量序列样本从小到大排列，即

$$x_{1:n} \leqslant x_{2:n} \leqslant \cdots \leqslant x_{n:n}$$

式中，n 为流量序列样本数。此时式（4.2-9）中 β_r 的估计可表示为

$$\beta_r = n^{-1}\binom{n-1}{r}^{-1}\sum_{j=r+1}^{n}\binom{j-1}{r}x_{j:n} \tag{4.2-10}$$

式中，$\binom{n-1}{r}$ 为 $n-1$ 个元素中取 r 个的组合运算。对于 Weibull 分布，可以根据下述关系由线性矩计算其 3 个参数 δ、β、ζ：

$$\delta = 1/m \quad \beta = -\alpha/m \quad \zeta = \lambda_1 - \alpha\left[1 - \Gamma(1+m)\right]/m - \beta \tag{4.2-11}$$

其中，$m \approx 7.859c + 2.9554c^2$；$c = \dfrac{2}{3+\tau_3} - \dfrac{\lg 2}{\lg 3}$；$\alpha = \dfrac{\lambda_2 m}{\left(1-2^{-m}\right)\Gamma(1+m)}$。

2. 高斯混合模型

将原始空间中的实测和预报流量序列转化为正态空间中满足正态分布的样本后，假设正态空间里的各变量 y'_t、f'_{it} 服从线性关系：

$$y'_t = a_i f'_{it} + b_i + \Theta_i \qquad i = 1,2\cdots,k; \ t = 1,2,\cdots,T \tag{4.2-12}$$

式中，a_i、b_i 为参数；Θ_i 为不依赖于 f'_{it} 的残差系列，且服从正态分布：$\Theta_i \sim N\left(0,\sigma_i^2\right)$。

由式（4.2-12）可知，y'_t 在已知 f'_{it} 条件下服从正态分布：

$$y'_i\big|M_i,D'_{\mathrm{obs}} \sim N\left(a_i f'_{it} + b_i, \sigma_i^2\right) \tag{4.2-13}$$

式中，D'_{obs} 为经正态转换后的实测数据集。预报量的后验分布就转换为以概率 $w_i = P\left(M_i\big|D'_{\mathrm{obs}}\right)$ 反映不同高斯成分在水文组合预报中所起作用的加权概率分布，称之为高斯混合模型。其模型表达式为

$$p\left(y'\big|D'_{\mathrm{obs}}\right) = \sum_{i=1}^{k}P\left(M_i\big|D'_{\mathrm{obs}}\right)p\left(y'\big|M_i,D'_{\mathrm{obs}}\right) = \sum_{i=1}^{k}w_i B_i\left(y'\right) \tag{4.2-14}$$

式中，$B_i\left(y'\right)$ 为服从期望为 $a_i f'_i + b_i$、方差为 σ_i^2 的高斯分布，$i = 1,2,\cdots,k$，其公式可以表示为

$$B_i\left(y'\right) = \frac{1}{\sqrt{2\pi}\sigma_i}\exp\left\{-\frac{\left[y' - \left(a_i f'_i + b_i\right)\right]^2}{2\sigma_i^2}\right\} \tag{4.2-15}$$

高斯混合模型需要确定的参数 $\theta = \left[\left\{ w_i, a_i, b_i, \sigma_i^2, i = 1, 2, \cdots, k \right\} \right]$。

3. 参数估计方法

最大似然估计是常用且有效的参数估计方法之一。假设有 N 个相互独立且服从 $g(y|\theta)$ 分布的样本，那么，联合密度函数可以表示为

$$g(Y|\theta) = \prod_{i=1}^{N} g(y_i|\theta) = L(\theta|Y) \tag{4.2-16}$$

函数 $L(\theta|Y)$ 称为似然函数。似然函数被认为是由观察向量 $\boldsymbol{D}_{\mathrm{obs}}$ 确定的参数 θ 函数。在最大化问题中，目标是找到使 L 最大化的参数 $\hat{\theta}$，一般用 $\ln L(\theta|Y)$ 来代替，即

$$\hat{\theta} = \arg \max_{\theta} \ln L(\theta|Y) \tag{4.2-17}$$

式（4.2-17）实际上表达的是一个求极值的问题。很多情况下，直接求解式（4.2-17）非常困难，因此需要找到相应的解决方法。期望最大化（EM）算法就是一种通过迭代方法渐近求解参数最大似然估计的方法。

4. 期望最大化算法

期望最大化算法（EM 算法）是统计学上一种重要的参数估计方法，是 1977 年由 Dempster 等[9]首次提出的，是一种利用不完备的观测数据求解极大似然估计的迭代算法。它在很大程度上降低了极大似然估计算法的复杂程度，但其性能与极大似然估计相近，具有很好的实用价值。算法介绍如下。

假设已知观察数据集 D_{obs}，但这个数据集是一个不完全的数据，因为还有一些没有观察到的缺失数据 D_{mis}，D_{obs} 与 D_{mis} 一起构成完全数据集 $D = \{D_{\mathrm{obs}}, D_{\mathrm{mis}}\}$。因此，根据式（4.2-16），可以得到参数 θ 的"完备数据对数似然函数"：

$$l(\theta|D) = \ln L(\theta|D) = \ln p(D|\theta) \tag{4.2-18}$$

式中，$p(D|\theta)$ 为完整数据的联合条件概率密度函数。根据条件概率分布的定义，可以得到

$$p(D_{\mathrm{obs}}|\theta) = \frac{p(D|\theta)}{p(D_{\mathrm{mis}}|D_{\mathrm{obs}}, \theta)} \tag{4.2-19}$$

式中，$p(D_{\mathrm{mis}}|D_{\mathrm{obs}}, \theta)$ 为在给定 D_{obs} 和 θ 的条件下，缺失数据 D_{mis} 的条件概率密度。

将式（4.2-19）代入式（4.2-17），可以得到利用完备数据集表示的参数最大似然估计：

$$
\begin{aligned}
\hat{\theta} &= \arg\max_{\theta} l\left(\theta|D_{\mathrm{obs}}\right) \\
&= \arg\max_{\theta}\left[\ln p\left(D|\theta\right) - \ln p\left(D_{\mathrm{mis}}|D_{\mathrm{obs}},\theta\right)\right] \\
&= \arg\max_{\theta}\left[l\left(\theta|D\right) - \ln p\left(D_{\mathrm{mis}}|D_{\mathrm{obs}},\theta\right)\right]
\end{aligned}
\tag{4.2-20}
$$

根据最大似然估计定义，$\arg\max\limits_{\theta} l\left(\theta|D\right)$ 就是完备数据条件下参数的最大似然估计。

虽然缺失数据 D_{mis} 无法实际得到，但是可以假设它服从某种概率分布，并把它作为随机变量对待。此时，完备数据对数似然函数 $l\left(\theta|D\right)$ 的最大值也是一个随机变量，即

$$
l\left(\theta|D\right) = h_{D_{\mathrm{obs}},\theta}\left(D_{\mathrm{mis}}\right)
\tag{4.2-21}
$$

式中，$h_{D_{\mathrm{obs}},\theta}\left(D_{\mathrm{mis}}\right)$ 中的 D_{obs} 和 θ 为常量；D_{mis} 为随机变量。

为了能够得到一个确定的值，使用 $l\left(\theta|D\right)$ 的条件期望值 $E\left[l\left(\theta|D\right)|D_{\mathrm{obs}},\theta\right]$ 来代替其本身。这样，求 $l\left(\theta|D\right)$ 最大值的问题就转化为求 $E\left[l\left(\theta|D\right)|D_{\mathrm{obs}},\theta\right]$ 最大值的问题。根据随机变量期望的定义有

$$
\begin{aligned}
E\left[l\left(\theta|D\right)\big|D_{\mathrm{obs}},\theta\right] &= E\left[\ln p\left(D|\theta\right)\big|D_{\mathrm{obs}},\theta\right] \\
&= \int_{\mathrm{MIS}} \ln p\left(D_{\mathrm{obs}},D_{\mathrm{mis}}|\theta\right) \cdot p\left(D_{\mathrm{mis}}|D_{\mathrm{obs}},\theta\right)\mathrm{d}D_{\mathrm{mis}}
\end{aligned}
\tag{4.2-22}
$$

式中，MIS 为 D_{mis} 的值域。

从式（4.2-22）可以看出，要计算 $E\left[l\left(\theta|D\right)|D_{\mathrm{obs}},\theta\right]$ 必须先给出 θ 的值，而 θ 是未知的待估参数。为此，在 EM 算法中，采用迭代的方法来解决上述问题。迭代过程由两部分组成，即根据前一次得到的 θ 估计值计算完备数据似然函数 $l\left(\theta|D\right)$ 的条件数学期望值（E 步）和求新的 θ 估计值，使上一步迭代参数的数学期望值最大化（M 步）。

EM 算法的基本思想可描述如下。

（1）E 步：确定完备数据似然函数的数学期望值。

$$
Q\left(\theta,\theta^{i-1}\right) = E\left[l\left(\theta|D\right)\big|D_{\mathrm{obs}},\theta^{i-1}\right]
\tag{4.2-23}
$$

式中，θ^{i-1} 为前一次迭代所得到的参数估计值。

（2）M 步：求使完备数据的对数似然函数期望值最大的 θ，并将其作为本次迭代所得到的参数估计值。

$$\theta^i = \arg\max_{\theta} Q\left(\theta,\theta^{i-1}\right) \tag{4.2-24}$$

上述的 E 步和 M 步形成一次迭代 $\theta^{i-1} \rightarrow \theta^i$，将这两步反复迭代直至 $\left\|\theta^i - \theta^{i-1}\right\|$ 或 $\left\|Q\left(\theta^i,\theta^{i-1}\right) - Q\left(\theta^{i-1},\theta^{i-1}\right)\right\|$ 充分小时停止迭代。

根据 EM 算法的每一步迭代情况，选择使完备数据似然函数的期望 Q 增加的参数值。Dempster 等证明了 Q 增加蕴含了观察数据似然函数的增加，进而证明了 EM 算法的收敛性，即

$$l\left(\theta^i \big| D_{\text{obs}}\right) \geqslant l\left(\theta^{i-1} \big| D_{\text{obs}}\right) \tag{4.2-25}$$

需要指出的是，EM 算法并不能保证一定收敛到所求问题的极大似然解。如果所求问题的似然函数具有多极值，则 EM 算法只能保证至少收敛于某一局部极大值处。在这种情况下，EM 算法是否能够收敛到全局极大值处，取决于具体问题和算法初值的选取。

对于给定 T 个独立流量观测值 D'_{obs} 的高斯混合模型，其对数似然函数可以表示为

$$\ln L\left(\theta \big| D'_{\text{obs}}\right) = \ln p\left(D'_{\text{obs}} \big| \theta\right) = \sum_{t=1}^{T} \ln\left[\sum_{i=1}^{k} w_i B_i\left(y'_t\right)\right] \tag{4.2-26}$$

由式（4.2-26）可以看出，参数很难优化。如果考虑观测数据 D'_{obs} 是不完全的，那么可以假设存在未观测数据 $M = \{M_t\}_{t=1}^{T}$，它的值表示各个成分的密度函数中某种高斯成分，这样似然函数的表达式可以被显著地简化。假设 $M_t \in 1,2,\cdots,k$，$M_t = x$ 表示第 t 个流量值，其是由第 x 个高斯成分产生的。如果知道 M 的值，那么，对数似然函数可以表达为

$$\begin{aligned}
\ln\left[L\left(\theta \big| D'_{\text{obs}}, M\right)\right] &= \ln p\left(D'_{\text{obs}}, M \big| \theta\right) \\
&= \ln\left[p\left(D'_{\text{obs}} \big| M, \theta\right) \cdot p(M)\right] \\
&= \sum_{t=1}^{T} \ln\left[w_{M_t} B_{M_t}\left(y'_t\right)\right]
\end{aligned} \tag{4.2-27}$$

尽管上式给出了各个流量的详细表达形式，它能通过多种方法进行优化，然而，这里也存在一定问题，即 M 的值并不知道。如果假设 M 是随机变量，且服从一定的分布，那么就可以利用前述的 EM 算法。

假定高斯混合密度函数中参数的初始值 $\theta^{g} = \left[\left\{w_i^g, a_i^g, b_i^g, \sigma_i^g, i = 1, 2, \cdots, k\right\}\right]$。根据贝叶斯法则：

$$p\left(M_t | y_t', \theta^g\right) = \frac{w_{M_t}^g B_{M_t}\left(y_t'\right)}{\sum_{i=1}^{k} w_i^g B_i\left(y_t'\right)}$$

$$p\left(M | D_{\text{obs}}', \theta^g\right) = \prod_{t=1}^{T} p\left(M_t | y_t', \theta^g\right)$$

（4.2-28）

式中，$M = \{M_t\}_{t=1}^{T}$ 为未观测数据被单独取出的一种情况。由式（4.2-26）可知，通过假设隐藏变量的存在和分布函数的初始参数值，可以获得未观测数据的边缘密度函数。为此，将式（4.2-28）代入式（4.2-23）中，进一步可得

$$Q\left(\theta, \theta^g\right) = \sum_{M \in \gamma} \ln\left[L\left(\theta | D_{\text{obs}}', M\right)\right] p\left(M | D_{\text{obs}}', \theta^g\right)$$

$$= \sum_{t=1}^{T} \sum_{l=1}^{k} \ln(w_l) p\left(l | y_t', \theta^g\right) + \sum_{t=1}^{T} \sum_{l=1}^{k} \ln\left[B_l\left(y_t'\right)\right] p\left(l | y_t', \theta^g\right)$$

（4.2-29）

将式（4.2-29）最大化，为了求得参数 w_l，同时引入拉格朗日因子 λ，其中约束条件是 $\sum_{l=1}^{k} w_l = 1$，则有

$$\frac{\partial}{\partial w_l}\left[\sum_{t=1}^{T} \sum_{l=1}^{k} \ln(w_l) p\left(l | y_t', \theta^g\right) + \sum_{t=1}^{T} \sum_{l=1}^{k} \ln\left[B_l\left(y_t'\right)\right] p\left(l | y_t', \theta^g\right) + \lambda\left(\sum_{l=1}^{k} w_l - 1\right)\right] = 0$$

（4.2-30）

进一步化简上式可得

$$\sum_{t=1}^{T} \frac{1}{w_l} p\left(l | y_t', \theta^g\right) + \lambda = 0$$

（4.2-31）

将 l 分别取 $1, 2, \cdots, k$，则

$$\sum_{t=1}^{T} p\left(l = 1 | y_t', \theta^g\right) = -\lambda w_1$$

$$\sum_{t=1}^{T} p\left(l = 2 | y_t', \theta^g\right) = -\lambda w_2$$

$$\vdots$$

$$\sum_{t=1}^{T} p\left(l = k | y_t', \theta^g\right) = -\lambda w_k$$

（4.2-32）

在 $\sum_{l=1}^{k} w_l = 1$ 的限制下，可得 $\lambda = -\sum_{t=1}^{T}\sum_{l=1}^{k} p\left(l\mid y_t', \theta^{\mathrm{g}}\right) = -T$。则

$$w_l = \sum_{t=1}^{T} \frac{1}{T} p\left(l\mid y_t', \theta^{\mathrm{g}}\right) \tag{4.2-33}$$

同理，将式（4.2-29）分别对 a_l、b_l、σ_l 求导，并设它等于 0，则

$$\sum_{t=1}^{T} \frac{\left(y_t' - a_l f_{\mathrm{lt}}' - b_l\right) p\left(l\mid y_t', \theta^{\mathrm{g}}\right) f_{\mathrm{lt}}'}{\sigma_l^2} = 0 \tag{4.2-34}$$

$$\sum_{t=1}^{T} \frac{\left(y_t' - a_l f_{\mathrm{lt}}' - b_l\right) p\left(l\mid y_t', \theta^{\mathrm{g}}\right)}{\sigma_l^2} = 0 \tag{4.2-35}$$

$$-\frac{\sum_{t=1}^{T} p\left(l\mid y_t', \theta^{\mathrm{g}}\right)}{\sigma_l} + \frac{\sum_{t=1}^{T}\left(y_t' - a_l f_{\mathrm{lt}}' - b_l\right)^2 p\left(l\mid y_t', \theta^{\mathrm{g}}\right)}{\sigma_l^3} = 0 \tag{4.2-36}$$

联合式（4.2-34）～式（4.2-36），求得

$$a_l = \frac{\left(\sum_{t=1}^{T} y_t' f_{\mathrm{lt}}' p\left(l\mid y_t', \theta^{\mathrm{g}}\right)\right)\cdot\left(\sum_{t=1}^{T} p\left(l\mid y_t', \theta^{\mathrm{g}}\right)\right) - \left(\sum_{t=1}^{T} y_t' p\left(l\mid y_t', \theta^{\mathrm{g}}\right)\right)\cdot\left(\sum_{t=1}^{T} f_{\mathrm{lt}}' p\left(l\mid y_t', \theta^{\mathrm{g}}\right)\right)}{\left(\sum_{t=1}^{T} f_{\mathrm{lt}}'^2 p\left(l\mid y_t', \theta^{\mathrm{g}}\right)\right)\cdot\left(\sum_{t=1}^{T} p\left(l\mid y_t', \theta^{\mathrm{g}}\right)\right) - \left(\sum_{t=1}^{T} f_{\mathrm{lt}}' p\left(l\mid y_t', \theta^{\mathrm{g}}\right)\right)^2} \tag{4.2-37}$$

$$b_l = \frac{\sum_{t=1}^{T} y_t' p\left(l\mid y_t', \theta^{\mathrm{g}}\right) - \sum_{t=1}^{T} a_l f_{\mathrm{lt}}' p\left(l\mid y_t', \theta^{\mathrm{g}}\right)}{\sum_{t=1}^{T} p\left(l\mid y_t', \theta^{\mathrm{g}}\right)} \tag{4.2-38}$$

$$\sigma_l^2 = \frac{\sum_{t=1}^{T}\left(y_t' - a_l f_{\mathrm{lt}}' - b_l\right)^2 p\left(l\mid y_t', \theta^{\mathrm{g}}\right)}{\sum_{t=1}^{T} p\left(l\mid y_t', \theta^{\mathrm{g}}\right)} \tag{4.2-39}$$

其中，

$$p\left(l\mid y_t', \theta^{\mathrm{g}}\right) = \frac{w_l^{\mathrm{g}} B_l\left(y_t'\right)}{\sum_{i=1}^{k} w_i^{\mathrm{g}} B_i\left(y_t'\right)} \tag{4.2-40}$$

可以看到，期望步骤和最大化步骤同时进行，算法通过式（4.2-39）得到最新的参数作为下一步迭代的依据。

4.3　应 用 实 例

4.3.1　FUSE 应用实例

Clark 等[1]选取美国得克萨斯州的瓜达卢佩河（Guadalupe River）和北卡罗来纳州的佛兰西布罗德河（French Broad River）为研究区域，采用 1980～1990 年水文资料开展 FUSE 方法的应用研究。

FUSE 方法对 PRMS、SAC-SMA、TOPMODEL 和 ARNO/VIC 4 个模型进行了模块重组，在这一过程中，忽略了各模型间的相互作用、地表植被对水循环的作用、截留水的蒸散发和积雪的消融等因素，以简化研究内容，最终得到 79 种理论合理的模块组合（模型）用于模拟流量。采用 SCE-UA 方法对各个模块相关参数进行率定，以均方根误差（RMSE）最小为判定标准。以 1979 年为例，采用 79 个模型模拟结果的确定性系数（DC）。图 4.3-1 给出了两个流域应用 79 个模型后，模拟结果确定性系数的累积分布。可以看出，79 个模型的模拟效果，瓜达卢佩河比佛兰西布罗德河差，这可能是某些被 FUSE 方法忽略的影响要素导致的，如超渗产流、植被作用等。

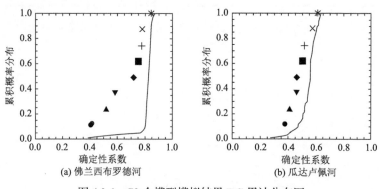

图 4.3-1　79 个模型模拟结果 DC 累计分布图

从图 4.3-1 还可以看出，在佛兰西布罗德河，大多数模型的确定性系数都接近于 0.8，这表明模型模拟效果相当；而在瓜达卢佩河，确定性系数在 0.4～0.65 变化，表明 79 个模型的模拟效果差异较大，说明在该流域有一些模型结构会比其他模型更为适用。总之，相对于佛兰西布罗德河而言，模型结构的不确定性对瓜达卢佩河的洪水预报影响更大。

因此，该研究讨论了影响瓜达卢佩河模型结构不确定性的因素。一般认为，影响模型结构不确定性的最主要因素是流域的产汇流机制，取决于气候和流域特征。图 4.3-2 给出了瓜达卢佩河流域的降雨径流序列（奇数年），并用柱状图标出了每个模型绝对误差大于 1mm 的时期。

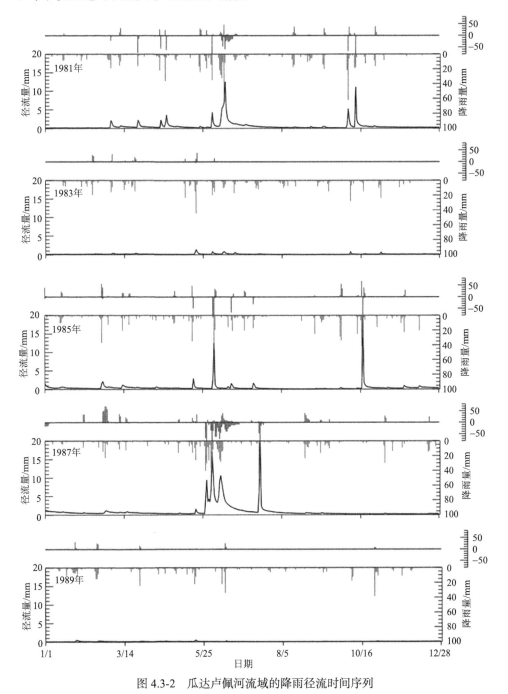

图 4.3-2   瓜达卢佩河流域的降雨径流时间序列

每幅图上方的柱子表示 79 个模型在每个时刻具有较大误差的模型个数：向下的柱表示模型模拟值小于实测径流（残差<-1mm/d），向上的柱表示模型模拟值大于实测径流（残差>1mm/d）。如图 4.3-2 所示，降雨较大时，径流模拟误差较大，且连续出现正（负）误差的天数不会超过 2d。

此外，Clark 等[1]还结合 79 个模型产流面积时间序列的平均值和标准差，分析了地表径流三种参数化方式[式（4.1-9a）~式（4.1-9c）]对模拟结果的影响。结果表明，使用式（4.1-9c）的参数化方式，即产流面积受下层土壤含水量影响，模拟结果的确定性系数较高，产流面积时间序列的平均值较低、标准差较高，说明模型模拟效果与模型结构有关。

4.3.2　BMA 应用实例

以淮河干流润河集断面为研究对象，分别采用经验相关模型和新安江模型进行洪水预报；在此基础上，采用贝叶斯模型平均（BMA）方法，对上述两种模型的预报结果进行综合，求得预报量的概率分布，在实现多模型综合预报的同时实现洪水概率预报。以润河集断面 1990~2013 年 30 场洪水为研究对象，其中 22 场洪水用于率定 BMA 模型相关参数，8 场洪水用于模型验证。BMA 相关参数见表 4.3-1。

表 4.3-1　润河集断面 BMA 模型参数

模型名称	w_i	a_i	b_i	σ_i^2
新安江模型	0.51	1.00	0.00	0.05
经验相关模型	0.49	0.98	0.00	0.05

概率预报不仅可以提供具有一定置信度的预报区间（以置信度为 90% 的预报区间为例，也可选取其他置信度值），同时，还可以提供诸如均值、分位数等定值预报结果（仅以中位数 Q_{50} 为例），率定期洪水模拟精度统计见表 4.3-2。

表 4.3-2　BMA 模型率定期模拟精度统计表（润河集断面）

洪水号	置信度 90% 的预报区间	覆盖率 CR/%	离散度 DI	实测洪峰流量/（m³/s）	Q_{50} 洪峰预报流量 /（m³/s）	Q_{50} 洪峰误差/%	Q_{50} 确定性系数
19900718	[2240,3270]	97	0.56	2490	2730	9.64	0.97
19910805	[3660,5020]	99	0.45	4730	4310	−8.88	0.98
19920506	[564,992]	61	0.43	849	755	−11.07	0.87
19921004	[554,975]	80	0.56	886	741	−16.37	0.86
19930514	[852,1420]	86	0.61	1100	1110	0.91	0.85

续表

洪水号	置信度90% 的预报区间	覆盖率 CR/%	离散度 DI	实测洪峰 流量/ （m³/s）	Q_{50} 洪峰预 报流量 /（m³/s）	Q_{50} 洪峰 误差/%	Q_{50} 确定 性系数
19940607	[1080,1750]	85	0.56	1290	1390	7.75	0.91
19950804	[766,1300]	94	0.58	959	1010	5.32	0.91
19960624	[5390,7070]	87	0.42	6590	6200	−5.92	0.98
19961031	[3400,4700]	73	0.43	4880	4020	−17.62	0.92
19970714	[1790,2700]	79	0.59	1960	2220	13.27	0.91
19980629	[3910,5320]	78	0.41	5040	4580	−9.13	0.93
19980729	[3110,4350]	95	0.43	4160	3700	−11.06	0.95
20000603	[1710,2590]	90	0.72	2010	2120	5.47	0.92
20000818	[1530,2360]	95	0.62	1610	1920	19.25	0.70
20001023	[2270,3310]	100	0.52	2800	2760	−1.43	0.97
20020622	[4450,5960]	97	0.45	4890	5170	5.73	0.97
20030623	[6150,7950]	59	0.34	7160	7020	−1.96	0.84
20031004	[1820,2740]	99	0.48	2650	2250	−15.09	0.93
20040717	[1820,2740]	86	0.63	1820	2250	23.63	0.82
20050707	[4740,6300]	92	0.41	5560	5490	−1.26	0.96
20050822	[4630,6170]	100	0.39	4990	5370	7.62	0.97
20060627	[1010,1650]	98	0.57	1280	1300	1.56	0.92

　　由表 4.3-2 可知，BMA 模型率定期模拟结果：不同场次的预报区间（置信度为 90%）覆盖率变化较大，这是因为不同场次洪水的不确定性来源不同，而 BMA 方法主要考虑的是模型结构的不确定性，没有考虑预报过程中的其他诸如面雨量计算误差、预见期内降雨输入、模型参数等不确定性，因此，由 BMA 方法提供的预报区间无法包含所有实测数据；洪水预报区间的离散度较大，这是由于不同场次洪水的不确定性来源不同，除模型结构外的其他不确定性均会体现在预报区间上，即预报区间的离散度在一定程度上度量了确定性预报的可靠度。同时，中位数 Q_{50} 预报的洪峰误差在 24% 以内，确定性系数在 0.70 以上，预报精度较好。

　　采用验证期 8 场洪水对概率预报模型进行检验，推求预报流量的概率分布，在实现润河集断面多模型综合预报的同时实现洪水概率预报。概率预报精度统计见表 4.3-3。概率预报过程线以率定期和验证期的两场洪水为例，如图 4.3-3 和图 4.3-4 所示。

表 4.3-3　BMA 模型验证期概率预报精度统计表（润河集断面）

洪号	置信度90%的预报区间	覆盖率CR/%	离散度 DI	实测洪峰流量/（m³/s）	Q_{50}洪峰预报流量/（m³/s）	Q_{50}洪峰误差/%	Q_{50}确定性系数
20000625	[2590,3710]	91	0.44	3450	3120	−9.57	0.92
20020722	[5400,7070]	82	0.42	6320	6210	−1.74	0.98
20040804	[2320,3370]	98	0.49	2870	2810	−2.09	0.94
20060721	[1530,2360]	99	0.57	1640	1920	17.07	0.85
20070702	[7290,9250]	84	0.37	7510	8240	9.72	0.94
20090830	[1530,2360]	96	0.59	1740	1920	10.34	0.91
20100711	[3770,5150]	99	0.48	4320	4430	2.55	0.96
20120907	[1620,2470]	60	0.50	1980	2020	2.02	0.84

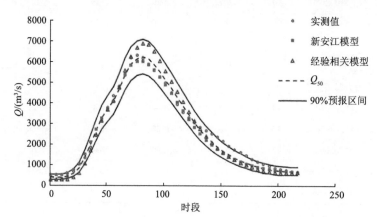

图 4.3-3　率定期 20000603 号洪水预报过程线（润河集断面）

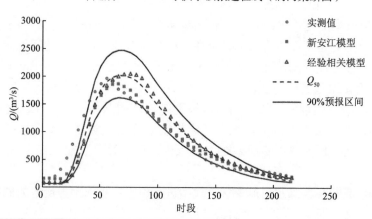

图 4.3-4　验证期 20020722 号洪水预报过程线（润河集断面）

由表 4.3-3 和两场洪水概率预报过程线可知，BMA 方法不仅将经验相关模型与新安江模型的预报结果进行了综合，同时，实现了润河集断面的洪水概率预报。除了 20120907 场次洪水的 90%区间覆盖率较低外，其他场次洪水的覆盖率均在 80%以上。从预报量概率分布的中位数 Q_{50} 预报来看，洪峰误差在 18%以内，确定性系数在 0.84 以上，预报精度较好。

参 考 文 献

[1] Clark M P, Slater A G, Rupp D E, et al. Framework for understanding structural errors (FUSE): a modular framework to diagnose differences between hydrological models. Water Resources Research, 2008, 44(12): W2B.

[2] Ajami N K, Duan Q, Sorooshian S. An integrated hydrologic Bayesian multimodel combination framework: confronting input, parameter, and model structural uncertainty in hydrologic prediction. Water Resources Research, 2007, 43(1): W1403.

[3] 梁忠民, 戴荣, 王军, 等. 基于贝叶斯模型平均理论的水文模型合成预报研究. 水力发电学报, 2010(2): 114-118.

[4] 李致家, 黄鹏年, 姚成, 等. 灵活架构水文模型在不同产流区的应用. 水科学进展, 2014, 25(1): 28-35.

[5] Sivapalan M, Beven K, Wood E F. On hydrologic similarity: 2. A scaled model of storm runoff production. Water Resources Research, 1987(23): 2266-2278.

[6] Rupp D E, Woods R A. Increased flexibility in base flow modeling using a power law transmissivity profile. Hydrol Processes, 2008(22): 2667-2671.

[7] Kavetski D, Kuczera G. Model smoothing strategies to remove microscale discontinuities and spurious secondary optima in objective functions in hydrological calibration. Water Resources Research, 2007, 43(3): W03411.

[8] 黄振平, 陈元芳. 水文统计学. 北京: 中国水利水电出版社, 2011.

[9] Dempster A P, Laird N M, Rubin D B. Maximum likelihood from incomplete data via the EM algorithm. Journal of the Royal Statistical Society, 1977, 39(1): 1-38.

第 5 章　考虑多源不确定性的洪水概率预报

影响洪水预报不确定性的因素较多，仅仅量化单个要素的不确定性，通常难以有效估计最终预报结果的不确定性。为此，综合评价多要素不确定性的概率预报方法成为研究重点，其中，贝叶斯预报系统（Bayesian forecasting system，BFS）是最为经典也是最早发展起来的不确定性要素耦合框架[1,2]。在 BFS 理论中，预报的综合不确定性被分为降雨输入不确定性和水文不确定性两大部分，分别采用降水不确定性处理器（PUP）和水文不确定性处理器（hydrologic uncertainty processor，HUP）进行量化，并通过整合器（integrator，INT）对二者进行综合。PUP 方法已在本书第 2 章中详细介绍；而 HUP 方法在某种意义上也是一种处理综合不确定性（模型结构、模型输入）方法，本书将 HUP 归类为总误差分析途径中的典型方法，将在第 6 章中重点介绍。随着洪水预报不确定性量化技术方法的发展，在不确定性要素综合量化方面也发展了其他一些经典的理论框架，如贝叶斯总误差分析（Bayesian total error analysis，BATEA）框架[3,4]和贝叶斯综合不确定性估计（integrated Bayesian uncertainty estimator，IBUNE）[5]法。

5.1　贝叶斯预报系统

5.1.1　原始贝叶斯预报系统

BFS 最早是由 Krzysztofowicz[1]建立的用于短期洪水概率预报的通用理论框架，其最大的优点在于能够与任一确定性水文模型协同工作，最终不仅能够提供洪水预报的均值结果，还能提供更为丰富的不确定性信息。在 BFS 中，水文预报的不确定性来源被归纳为输入不确定性和水文不确定性两种。前者主要为降雨等输入资料的不确定性，而后者表示为其他所有可能导致预报结果误差的不确定性因素，分别通过 PUP 和 HUP 进行分析处理，最后通过集成器进行耦合处理，得到最终的洪水概率预报结果。

1. 不确定性的分解

洪水预报精度往往受模型输入不确定性、水文不确定性和人为操作不确定性的综合影响。人为操作不确定性主要是由于未知的资料缺失、预报过程中的误操作及其他不可预测的未知因素（如预报员没有获悉水库开闸放水信息等）引起的。

这是预报理论方法之外的因素，在不确定性分析中通常不予考虑[1]。

BFS 将洪水预报的输入不确定性视为由随机输入误差引起，如短期洪水预报过程中未来预见期内的降雨视为未知，即可认为是一种随机模型输入；类似的还有未来预见期内的潜在蒸散发资料，但潜在蒸散发的估计误差往往比降雨小，且它的误差对预报结果的影响也不如降雨大。因此，在 BFS 中可将潜在蒸散发看作确定性的模型输入（尽管也存在误差），而将除具有输入随机误差以外的不确定性都归结为水文不确定性。水文不确定性主要是由模型结构、降雨径流计算、河道汇流和水位流量关系及模型参数误差等引起的。

分析洪水预报中各种不确定性以明确并量化每一种不确定性的来源。通常情况下，洪水预报中未来预见期的降雨、融雪径流预报中未来预见期内气温等资料的误差相对于其他因素而言，在不确定性分析中占主要地位，即对预报精度影响较大。因此，BFS 并不直接处理洪水预报过程中每个单一不确定性因素，而是只处理输入（主要为降雨）不确定性和水文不确定性。尽管 BFS 不是获取概率预报最大信息量上最理想的处理方式，但如果选取合适的状态变量以很好地定量分析水文不确定性，那么这种折中方案可以在实际上接近最优的效果。此外，这样的处理方式主要是考虑实际过程中并不需要研究每个单一因素的不确定性，而只需分析处理所有不确定性因素对洪水预报结果的影响。因此，BFS 的不确定性因素分解方式是比较适用的，也决定了其不依赖于任何水文模型本身的最大优点。

BFS 理论体系的结构如图 5.1-1 所示。BFS 假定输入不确定性处理器和水文不确定性处理器是相互独立的，即在分别处理输入不确定性和水文不确定性时，假定另外一个不确定性是不存在的，最后根据集成器将处理好的两种不确定性进行耦合。

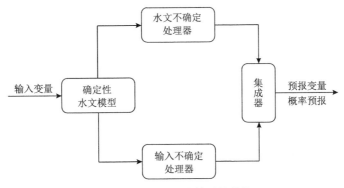

图 5.1-1　BFS 理论体系的结构

2. 贝叶斯推断

BFS 是建立在贝叶斯推断基础上的，主要框架描述如图 5.1-2 所示。理论上，BFS 可以应用于解决不同系统的概率预报问题，以根据降雨量预报河道洪水位为例来阐述其基本原理。

1. 不确定性特征描述

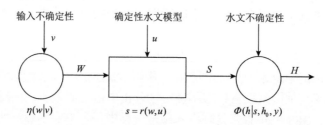

2. 输出不确定性推导

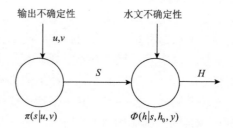

3. 总不确定性集成

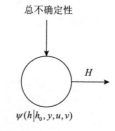

图 5.1-2　BFS 的贝叶斯推断方法

引入三个随机矢量：W 为模型输入；S 为模型输出；H 为预报变量，对应的取值分别为 W、S、H。其中，H 为待预报的变量。以降雨输入，预报洪水位输出为例，可以给出如下描述：

$$W = \left[\left(W_{11}, \cdots, W_{i1} \right), \cdots, \left(W_{1j}, \cdots, W_{ij} \right) \right]' \tag{5.1-1}$$

$$S = \left[\left(S_{11}, \cdots, S_{n1} \right), \cdots, \left(S_{1m}, \cdots, S_{nm} \right) \right]' \tag{5.1-2}$$

$$\boldsymbol{H} = \left[\left(H_{11}, \cdots, H_{n1} \right), \cdots, \left(H_{1m}, \cdots, H_{nm} \right) \right]' \qquad (5.1\text{-}3)$$

式中，W_{ij} 为预见期 $i(i=1,\cdots,I)$ 时段内（从预报时刻开始计算）子流域面积 $j(j=1,\cdots,J)$ 上的累积降雨量；S_{nm} 为在 $t_n(n=1,\cdots,N)$ 时刻预报点 $m(m=1,\cdots,M)$ 上的模型输出水位；H_{nm} 为在 t_n 时刻预报点 m 上的实测水位值；t_n 为在一个连续的尺度上观测的时间变量；n 为时间指数，表示预报水位和实测水位的时刻；而 t_0 为开始预报之前的最后一次观测时间。

在洪水预报中，首先，假定以 $\boldsymbol{W}$ 的广义概率密度函数 $\eta(\cdot|\boldsymbol{v})$ 来定量描述模型输入的不确定性，其中，$\boldsymbol{W}$ 是一个混合（二元连续）变量的向量；$\boldsymbol{v}$ 是指定量降雨预报产品的参数向量，是随机向量 $\boldsymbol{V}$ 的估计。$\boldsymbol{U}$ 为输入向量，其估计值为 u，表示水文模型的确定性输入，这些输入包括随预报时间变化的所有外在变量和内部状态（初始条件），但不包括那些与特定流域相关的固定参数。其次，假定水位过程为有限阶的马氏链，因此可根据至预报时刻 t_0 的水位向量 $\boldsymbol{H}_0$ 信息来估算 H 的先验条件密度函数。令 $\boldsymbol{Y}$ 代表状态向量，其预报时刻的估计值 y 可用来表示水文不确定性。最后，定义一个向量 $\boldsymbol{x}=(h_0,y,u,v)$。

基于贝叶斯理论中的全概率公式，概率预报的数学描述公式可表示为

$$\psi(h|x) = \int_{-\infty}^{\infty} \phi(h|s,x)\pi(s|x)\mathrm{d}s \qquad (5.1\text{-}4)$$

式中，ψ、ϕ 和 π 为向量的密度。(u,v) 为 S 的预报因子，定义 y 使得 (h_0,y) 为 H 的预报因子，并给定 $S=s$，得到

$$\psi(h|h_0,y,u,v) = \int_{-\infty}^{\infty} \phi(h|s,h_0,y)\pi(s|u,v)\mathrm{d}s \qquad (5.1\text{-}5)$$

式中，$\pi(\cdot|u,v)$ 为模型输出 S 的密度函数，可根据输入 W 的密度 $\eta(\cdot|v)$ 和水文模型的确定性输入 u 来确定；$\phi(\cdot|s,h_0,y)$ 为预报变量 H 通过其先验密度修正后得到的后验密度；$\psi(\cdot|h_0,y,u,v)$ 为以 (h_0,y,u,v) 为先决条件的 H 的预测（贝叶斯）密度。

可以看出，式（5.1-5）描述了 BFS 的主要组成部分：①输入不确定处理器，其输出结果为密度函数 $\pi(\cdot|u,v)$；②水文不确定处理器，其输出结果为密度函数组合 $\{\phi(\cdot|s,h_0,y):\text{all }s\}$；③集成器，其输出为用于构成 H 的概率预报的密度函数 $\psi(\cdot|h_0,y,u,v)$。

目前，BFS 已经成功应用于美国短期洪水作业预报中。此外，我国也有一系列 BFS 应用成果案例[6-8]。大量研究结果表明，BFS 具有很好的洪水概率预报功能，与多种水文模型协同工作的结果均具有较好精度，可为实际洪水预报、防洪

调度决策等提供可靠参考。

5.1.2　神经网络贝叶斯预报系统

考虑到大多数水文过程具有非线性特征，在 BFS 理论框架下，通过引入 BP 神经网络模型，分别构建体现输入不确定性与水文不确定性的分布函数，即结合神经网络模型，推求式（5.1-5）中的 $\pi(\cdot|u,v)$ 和 $\{\phi(\cdot|s,h_0,y):\text{all }s\}$，并在此基础上，采用数值求解方式求解 $\psi(\cdot|h_0,y,u,v)$ [9]。

1. 输入不确定性处理

水文预报最主要的输入信息是降雨，降雨预报的途径大致可分为四类：第一类是通过大气物理方法建立降雨预报模型。以大量的气象、流域下垫面等资料为主要输入，依据降雨的成因规律对可能产生的降雨进行预测。该类方法需要以较多大气物理方面的科学知识和较为充分的气象资料为基础。第二类是通过数理统计方法建立数学分析模型，分析降雨及其主要成因间的统计相关关系，对降雨进行预测。该类方法需要有较强的数理统计分析处理知识，并具备降雨物理形成机制相关专业知识。第三类是通过系统模型对降雨进行预报，其认为降雨的发生是在具有输入和输出的系统中进行的，通过获取系统的内部运行机制对降雨进行预测。该类方法需要较好的系统工程理论及智能技术和数理统计方法为支撑。第四类是通过随机理论与方法对降雨系列建立随机分析模型，依据构建随机模型对降雨进行预测。

在输入不确定性处理过程中，同样采用贝叶斯推断理论，采用历史降雨数据构建先验分布，提取似然函数信息，并推求其后验分布，以此来进行降雨预估。

以月降雨数据为例，首先采用数理统计方法对已有历史降雨数据进行分析，一般而言，降雨量系列具有较好的周期性和较强的随机性，考虑其非线性特征较强，可采用 BP 神经网络模型的非线性映射能力来构建月降雨量系列的预测模型，将其预报结果作为贝叶斯概率预报系统的后验信息，具体建模方式如下。

假设各月降雨量系列为 P 阶马尔可夫过程，令 $P_n=\{P_t,P_{t-1},\cdots,P_{t-p+1}\}$ 为预报月份 t 之前的降雨系列；P_n 为待预报的降雨量，$n=1,2,\cdots,N$；S_n 为 BP 网络模型的输出（降雨量），$n=1,2,\cdots,N$；p_0、p_n、s_n 分别为水文变量 P_0、P_n、S_n 的实现值；n 为预见期。以前期各月降雨量为输入，以预报月份月降雨量为输出，建立 BP 神经网络模型，如图 5.1-3 所示。

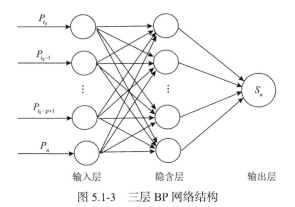

图 5.1-3　三层 BP 网络结构

降雨量预估的似然函数采用如下公式：

$$S_n = F(S_n | p_0, p_n) = (\sigma_\varepsilon^2)^{-1} \qquad (5.1\text{-}6)$$

式中，F 为似然函数的非线性映射；p_0、p_n 分别为系列初始月份实测降雨量、第 n 月实测降雨数值；S_n 为 BP 网络模型的预测降雨量；σ 为 BP 网络预测系列与实测系列的残差系列的方差。

基于贝叶斯公式，可以推得降雨量的概率密度函数，即式（5.1-5）中的 $\pi(\cdot | u, v)$。

2. 水文不确定性处理

对于流量概率预报，假设流域出口流量过程为 P 阶马尔可夫过程，令 $Q_0 = \{Q_t, Q_{t-1}, \cdots, Q_{t-p+1}\}$ 为预报时刻 t 之前的流量过程；Q_n 为待预报的流量过程，$n = 1, 2, \cdots, N$；S_n 为确定性水文模型的输出流量过程，$n = 1, 2, \cdots, N$；q_0, q_n, s_n 分别为水文变量 Q_0, Q_n, S_n 的实现值；n 为预见期。

$$\Phi(q_n | s_n, q_0) = \frac{F(s_n | q_n, q_0) g(q_n | q_0)}{l(s_n | q_0)} = \frac{F(s_n | q_n, q_0) g(q_n | q_0)}{\int_{-\infty}^{\infty} F(s_n | q_n, q_0) g(q_n | q_0) \mathrm{d} q_n} \qquad (5.1\text{-}7)$$

式中，$\Phi(q_n | s_n, q_0)$ 为 q_n 的后验密度；$g(q_n | q_0)$ 为 q_n 的先验密度，只与 q_0 有关，在预报时刻为已知；$F(s_n | q_n, q_0)$ 为 s_n 已知时 q_n 的似然函数，反映确定性水文模型的预报能力。

基于实测资料和水文模型模拟计算结果，可整理获得样本系列 $\{(h_n, h_0)_i : n = 1, 2, \cdots, N; i = 1, 2, \cdots, m\}$，$\{(s_n, h_n, h_0)_i : n = 1, 2, \cdots, N; i = 1, 2, \cdots, m\}$，$m$ 为样本序列长度。依据上述两个样本序列，可以建立流量预报的先验密度和似然密度。

假定流量的先验密度为 ASBP 网络结构，表示为

$$Q_n = G(Q_n | Q_0) + \varXi_n \tag{5.1-8}$$

式中，G 为流量先验密度的非线性映射；$\varXi_n$ 为残差，假设服从正态分布 $N(0, \xi^2)$，其中，ξ 为 $\varXi_n$ 的均方差；其余符号意义同前。

理论上来讲，拥有一个隐含层的神经网络模型就可以描述任何复杂的非线性映射。因此，流量先验密度采用具有一个隐含层的神经网络结构（图 5.1-4），由式（5.1-7）可知：

$$E(Q_n | Q_0 = q_0) = G(q_0) \tag{5.1-9}$$

$$\mathrm{var}(Q_n | Q_0 = q_0) = \varepsilon^2 \tag{5.1-10}$$

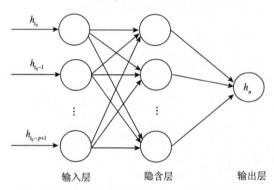

输入层　　　　　隐含层　　　　　输出层

图 5.1-4　先验密度的 SABP 网络结构

进而，流量先验密度可以用下式正态分布表示：

$$g(q_n | q_0) = \frac{1}{\sqrt{2\pi}\varepsilon} \exp\left(-\frac{(q_n - G(q_0))^2}{2\varepsilon^2}\right) \tag{5.1-11}$$

流量似然函数的 SABP 网络结构可以表示为

$$S_n = F(S_n | q_n, q_0) + \varTheta_n \tag{5.1-12}$$

式中，F 为似然函数的非线性映射；$\varTheta_n$ 为残差，假设服从正态分布 $N(0, \theta^2)$，其中，θ 为 $\varTheta_n$ 的均方差；其余符号意义同前。

流量似然函数同样采用只具有一个隐含层的神经网络结构（图 5.1-5），由式（5.2-12）可知：

$$E(S_n | Q_n = q_n, Q_0 = q_0) = F(q_n, q_0) \tag{5.1-13}$$

$$\text{var}(S_n | Q_n = q_n, Q_0 = q_0) = \theta^2 \qquad (5.1\text{-}14)$$

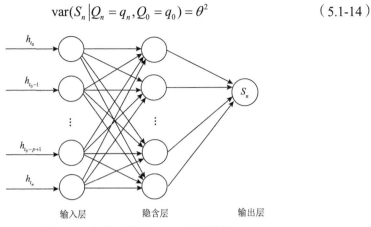

图 5.1-5 似然函数的 SABP 网络结构

进而，流量似然函数可用下式正态分布进行表示：

$$F(s_n | q_n, q_0) = \frac{1}{\sqrt{2\pi}\theta} \exp\left(-\frac{(s_n - F(q_n, q_0))^2}{2\theta^2} \right) \qquad (5.1\text{-}15)$$

将上述构建的流量先验密度 $g(q_n | q_0)$ 和似然函数 $F(s_n | q_n, q_0)$ 代入贝叶斯公式，可以获得流量的后验密度 $\Phi(q_n | s_n, q_0)$。但由于后验密度 $\Phi(q_n | s_n, q_0)$ 的求解过程缺少归一化常量，无法对其进行直接求解，为此可结合抽样算法数值求解。

3. 不确定性耦合

同 $\Phi(q_n | s_n, q_0)$ 的求解相同，式（5.1-5）的求解过程中由于方程阶数较高，难以求得其解析解。为此，通常采用数值法求解公式（5.1-5），实现输入不确定性与水文不确定性的耦合。

以流量后验分布 $\Phi(q_n | s_n, q_0)$ 为例，采用 BAM-MCMC 方法对其进行求解，具体步骤如下[10]。

步骤 1：马尔可夫链蒙特卡罗算法初始化 $i = 0, h_n^i = s_n$。

步骤 2：调用 BP-BAM 算法，调整协方差 C_i：

$$C_i = \begin{cases} C_0 & i \leqslant t_0 \\ s_d(\text{cov}(X_0, X_1, \cdots, X_{t-1})) + s_d \varepsilon \boldsymbol{I}_d & i > t_0 \end{cases} \qquad (5.1\text{-}16)$$

式中，ε 为一个较小的正数，确保 C_i 不为奇异矩阵；s_d 为一个比例因子，依赖于变量的维数 d，以确保接受概率在一个合适的范围内，Gelman 等[11]建议 s_d 取为 $2.4^2 / d$；$\boldsymbol{I}_d$ 为 d 维单位矩阵；t_0 为初始抽样次数。

步骤 3：从转移密度 $N(h_n^i, C_i)$ 中产生新的样本 h_n^*。

步骤 4：将 $\Phi(q_n|s_n, q_0)$ 作为目标函数代入下式：

$$\alpha(X_{t-1}, Y) = \min\left\{1, \frac{\pi(Y)}{\pi(X_{t-1})}\right\} \tag{5.1-17}$$

式中，π 为未归一化的目标分布。

可以推得 h_n^* 的接受概率：

$$\rho(h_n^i, h_n^*) = \min\left\{1, \frac{\dfrac{f(s_n|h_n^*)g(h_n^*|h_0)}{\int_{-\infty}^{\infty} f(s_n|h_n^*)g(h_n^*|h_0)\mathrm{d}h_n^*}}{\dfrac{f(s_n|h_n^i)g(h_n^i|h_0)}{\int_{-\infty}^{\infty} f(s_n|h_n^i)g(h_n^i|h_0)\mathrm{d}h_n^i}}\right\} \tag{5.1-18}$$

$\int_{-\infty}^{\infty} f(s_n|h_n^*)g(h_n^*|h_0)\mathrm{d}h_n^* = \int_{-\infty}^{\infty} f(s_n|h_n^i)g(h_n^i|h_0)\mathrm{d}h_n^i = C$，其中，$C$ 为归一化常数，则式（5.1-18）变为

$$\rho(h_n^i, h_n^*) = \min\left\{\frac{f(s_n|h_n^*)g(h_n^*|h_0)}{f(s_n|h_n^i)g(h_n^i|h_0)}\right\} \tag{5.1-19}$$

进而可使马尔可夫链蒙特卡罗算法能够避开求归一化常数而使抽样收敛到目标分布。

步骤 5：生成一个均匀随机数 $u \sim U[0,1]$。

步骤 6：如 $u < \rho(h_n^i, h_n^*)$，$h_n^{i+1} = h_n^*$，否则 $h_n^{i+1} = h_n^i$。

步骤 7：$i=i+1$，重复步骤 1～步骤 6，直到抽得足够数量的样本为止。

步骤 8：根据所抽取的样本进行统计分析，绘出密度直方图（拟合出样本理论密度曲线），求出样本的均值、方差等样本总体统计特征。

5.2　贝叶斯总误差分析框架

2002 年发展起来的贝叶斯总误差分析框架（Bayesian total error analysis framework，BATEA）[3, 4]可以量化水文模型输入、模型结构、模型参数和模型预报结果的不确定性，该框架的关键内容之一就是层次贝叶斯模型理论。

在介绍 BATEA 方法之前，首先介绍层次贝叶斯模型。以参数的反演为例，

其贝叶斯方程形式为[12]

$$f(\theta|D) = Cf(D|\theta)f(\theta) \qquad (5.2\text{-}1)$$

式中，θ 为待估参数；D 为观测数据；$f(\theta)$ 为参数 θ 的先验概率密度函数；$f(D|\theta)$ 为已知数据 D 时参数 θ 的似然函数；C 为归一化常数；$f(\theta|D)$ 为参数 θ 的后验概率密度函数，反映考虑先验信息和似然信息情况下参数 θ 的不确定性。

假设 (θ_1,θ_2) 为待估的模型参数，x 为模型输入，y 为模型输出，图 5.2-1 给出了四种估计后验分布的典型贝叶斯模型[12]。

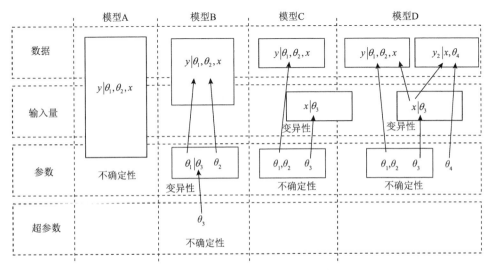

图 5.2-1　四种典型的贝叶斯模型结构

模型 A 为标准贝叶斯模型；模型 B 考虑参数的个体效应，认为参数 θ_1 在时空上具有某种变异性，因此将其视作一种"潜在变量"，引入超参数（hyperparameter）θ_3 来描述参数 θ_1 的变量特征；模型 C 考虑输入量的变异性，将输入量视作一种"潜在变量"，引入描述其层次分布特征的参数 θ_3；模型 D 综合利用多种数据源对参数进行估计，引入多组似然信息，并考虑输入量 x 的层次分布特征。模型 B、模型 C、模型 D 中考虑了参数或输入量的变异性和层次分布特征，均为层次贝叶斯模型[12]。

BATEA 方法的基本思想是将各种不确定性因素视为随机变量，构成系统参数集，并通过贝叶斯理论推求参数集的后验分布，对参数集后验分布进行抽样，获得各参数的后验分布及模型的"集束"预报集；然后，对模型预报集进行统计分析，获得预报量的统计特征值，如均值、方差、置信限等，即量化模型预测的不确定性，实现洪水概率预报。BATEA 方法的流程如图 5.2-2 所示[13]。

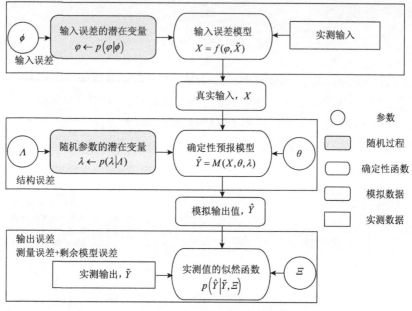

图 5.2-2　BATEA 方法流程图

1. 确定性预报

采用 $X = \{X_t; t = 1, \cdots, T\}$ 表示确定性预报模型输入的真值，$\tilde{X} = \{\tilde{X}_t; t = 1, \cdots, T\}$ 表示输入数据的实测值。同样，用 $Y = \{Y_t; t = 1, \cdots, T\}$ 表示确定性模型输出的真值，$\tilde{Y} = \{\tilde{Y}_t; t = 1, \cdots, T\}$ 表示模型输出的实测值，$\hat{Y} = \{\hat{Y}_t; t = 1, \cdots, T\}$ 表示模型预报的输出值，T 表示总的时间步长。通常情况下，输入和输出取相同时段长，但这并不是必要的假定，如 Kavetski 等[3]在 BATEA 率定中就曾分别使用小时降雨和日径流量系列。

确定性径流预报可以表示为

$$\hat{Y}_t = M(X_{1:t}, \theta, S_0) \tag{5.2-2}$$

式中，$X_{1:t}$ 为时段 1 到 t 的历史输入数据；θ 为确定性模型的参数；S_0 为初始条件。

2. 输入不确定性

水文模型的输入一般指降雨和潜在蒸发量等输入数据，其中，降雨是首要的输入数据，因此，BATEA 构建了一个输入误差模型来描述降雨输入不确定性：

$$X = f(\varphi, \tilde{X}) \tag{5.2-3}$$

$$\varphi \sim p(\varphi|\phi) \tag{5.2-4}$$

式中，参数 φ 体现了输入不确定性。因为真实的输入是未知的，所以 $\varphi = \{\varphi_{i(t)}; t = 1, \cdots, T\}$ 也是未知的。在层次贝叶斯模型中，φ 称为潜在变量，分布 $p(\varphi|\phi)$ 为超分布，ϕ 为超参数。

若假定实测降雨受到一个乘数误差的影响，即实测值和真实值之间有如下关系：

$$X_t = \varphi_{i(t)} \widetilde{X}_t \tag{5.2-5}$$

式中，$\varphi_{i(t)}$ 为一个降雨乘数，并假定其独立且服从对数正态分布，超参数 $\phi = (\mu, \sigma^2)$，即

$$\lg \varphi_{i(t)} \sim N(\mu, \sigma^2) \tag{5.2-6}$$

式中，$i(t)$ 为索引函数，BATEA 规定了输入误差的时间结构。一般有以下两种假定：

（1）假定每个时段的降雨乘数是不同的，此时索引函数 $i(t) = t$。

（2）假定同一场降雨内各时段具有相同的降雨乘数。这样就约束了潜在变量的个数，相当于假定同一场降雨中输入误差具有完全的自相关性。如果将时间分为 K 段 $\{(t_k, t_{k+1} - 1); k = 1, \cdots, K\}$，则索引函数是 $i(t) = k, t_k \leqslant t < t_{k+1} - 1$。

需要注意的是，BATEA 并不局限于乘数误差，也不局限于对数假定。这些仅代表了特殊的初始假定，并且都会进行检验。通常可采用不同类型的误差假定进行分析，并基于实际应用效果择优选取。

3. 模型结构不确定性

任何一个水文模型都仅仅是对自然流域过程的一个近似，即使输入完全正确，也不可能通过水文模型模拟出真实的输出。此外，同一个水文模型在对不同场次洪水进行预报时，其精度往往存在差异。BATEA 认为这种差异来源于水文模型结构的误差，Kuczera 等[4]将模型中与降雨有关的参数视作随机变量，即潜在变量，用以描述这种模型结构的不确定性，并采用层次贝叶斯法对其进行估计。

水文模型是由给定的输入和参数来确定模型最终输出值的，因此，模型输出可以表示为下式，以反映从真实输入 X 到模拟值 $\hat{y}$ 的一个映射：

$$\hat{Y} = M(X, \theta, \lambda) \tag{5.2-7}$$

式中，X 为模型真实的输入值；θ 为水文模型的时不变参数；λ 为随降雨事件改变的水文模型参数，即潜在变量，λ 服从超几何分布 $p(\lambda|\Lambda)$，即

$$\lambda \sim p(\lambda|\Lambda) \tag{5.2-8}$$

式中，Λ 为超参数。

4. 输出不确定性

使用式（5.2-5）估计真实的降雨输入到水文模型，获得模拟的输出值 $\hat{y}$；但是，模拟输出值 $\hat{y}$ 并不等于实测输出 $\tilde{y}$，原因主要包括：①观测值受抽样和测量误差等影响，径流量数据受水位流量关系曲线的影响等；②像式（5.2-5）这样简单的模型不能完全还原真实的输入；③即使采用时变随机参数也无法彻底估计模型结构误差。其中，②和③在图 5.2-2 中被标记为剩余模型误差。

因此，有必要为残差 $\varepsilon = \tilde{Y} - \hat{Y}$ 规定一个分布，如用输出误差模型描述在给定模拟输出值情况下的实测输出的分布：

$$\tilde{Y}_t \sim p(\tilde{Y}|\hat{Y}_t, \varXi) \tag{5.2-9}$$

式中，$\varXi$ 为输出误差模型的参数。

如果假定输出误差是独立的并且服从高斯分布，即 $\tilde{Y} = \hat{Y} + \varepsilon$，其中 $\varepsilon \sim N(0; \sigma_\varepsilon^2 I)$，可以表示为 $\tilde{Y} \sim p(\tilde{Y}|\hat{Y}_t, \varXi) = N(\hat{Y}, \sigma_\varepsilon^2 I)$，这个误差模型忽略了剩余误差，只考虑了单一的输出测量误差。

5. 总误差分析

一般而言，BATEA 可以对层次贝叶斯模型中的所有未知量做出估计，包括：①输入误差的潜在变量 φ；②输入误差的超参数 ϕ；③水文模型参数 θ；④水文模型的随机参数，即潜在变量 λ；⑤水文模型的超参数 Λ；⑥输出误差参数 $\varXi$。采用层次贝叶斯公式，获得 BATEA 的后验分布为[3, 14]：

$$p\left(\theta, \lambda, \Lambda, \varphi, \phi, \varXi|\tilde{Y}, \tilde{X}\right) \propto p\left(\tilde{Y}|\theta, \lambda, \varphi, \varXi, \tilde{X}\right) p(\lambda|\Lambda) p(\varphi|\phi) p(\theta) p(\Lambda) p(\phi) p(\varXi) \tag{5.2-10}$$

通过对式（5.2-10）的联合后验分布进行积分运算，可以分别得到各参数的后验分布（边际后验分布）。由于多维联合后验分布积分运算的复杂性，BATEA 方法中采用 MCMC 算法，以从后验分布中进行参数抽样的方式估计各变量的边际

分布，进而估计各种不确定性因素对水文模型模拟和预测结果的影响。

此外，使用式（5.2-10）进行推断的准确性是由 $\varXi$、$\varLambda$、ϕ 的先验信息决定的。研究表明在缺少 $\varXi$ 和 ϕ 的先验分布情况下，式（5.2-10）难以求解。因此，在 BATEA 的应用过程中，常常需要引入其他的简化与假定。

5.3　贝叶斯综合不确定性估计法

贝叶斯综合不确定性估计法（integrated Bayesian uncertainty estimator，IBUNE）综合考虑了多种不确定性，包括参数、输入和模型结构的不确定性。该方法采用高斯乘数模型来考虑输入不确定性，假定这些乘数服从正态分布，该正态分布的平均值和方差未知，然后将其与其他水文模型的参数一起用 MCMC 方法估计。在此基础上，结合贝叶斯模型平均（BMA）[5, 15]方法和全局最优化算法（shuffled complex evolution metropolis algorithm，SCEM-UA）[16]，考虑模型结构不确定性。

1. 输入不确定性和参数不确定性

在最初提出的 BATEA 中，引入了正态雨深乘数作为系统的潜在变量，并在率定模型参数的同时对潜在变量进行估计。用 $\tilde{r}_t$ 代表真实的降雨深度，则真实的模型输入为 $\tilde{X}=\left[\tilde{r}_1,\tilde{r}_2,\cdots,\tilde{r}_t,t=1:T\right]$。用 r_t 代表观测的降雨深度，则输入误差可以写作如下形式：

$$r_j = m_j \tilde{r}_j \qquad m \sim N\left(1,\sigma_m^2\right) \qquad (5.3\text{-}1)$$

式中，j 为降雨系列中的降雨事件；m_j 为来自正态空间的随机扰动，服从均值是 1、方差为 σ_m^2 的正态分布。Kavetski 等[3]认为雨深乘数 m_j 是潜在变量，可以通过 BATEA 估计潜在变量和模型参数。根据贝叶斯公式，假定：①实测输入值 $\tilde{X}$ 和实测流域输出值 $\tilde{y}$ 是相互独立的，因为 $\tilde{y}$ 只与真实输入值 $\hat{X}$ 有关，并不取决于实测输入值 $\tilde{X}$；②$\tilde{X}$ 与模型参数 θ 是相互独立的，因为实测输入与水文模型参数是不相关的。基于上述假定，可以在 BATEA 框架中推导出最后的似然函数为

$$p\left(\theta,\hat{X}\middle|\tilde{X},\tilde{y}\right) \propto L\left(\tilde{y}\middle|\theta,\hat{X}\right) \times L\left(X\middle|\hat{X}\right) \times p\left(\theta,\hat{X}\right) \qquad (5.3\text{-}2)$$

式中，$L\left(\tilde{y}\middle|\theta,\hat{X}\right)$ 为给定参数和真实输入值 $\hat{X}$ 情况下观测值 $\tilde{y}$ 的似然函数；$L\left(X\middle|\hat{X}\right)$ 为基于输入误差模型的似然函数；$p\left(\theta,\hat{X}\right)$ 为参数和真实输入的先验分布。

然而，式（5.3-2）存在两个重要的缺点：第一，真实输入是未知的，因此不可能估计输入误差模型的似然度；第二，在很多情况下，潜在变量的个数会增长到相当大的程度，从而导致维度的问题。为了避免上述两个问题，考虑如下形式的输入误差模型，通过引入乘数来替代潜在变量：

$$\tilde{r}_t = \phi_t r_t \qquad \phi \sim N\left(m, \sigma_m^2\right) \qquad （5.3-3）$$

式中，ϕ_t 为时段 t 的随机乘数，其均值等于 m，$m \in [0.9, 1.1]$，方差等于 σ_m^2，$\sigma_m^2 \in \left[1 \times 10^{-5}, 1 \times 10^{-3}\right]$。这个方法中，假定真实的降雨深度 $\tilde{r}_t$ 一直受一个服从正态分布的随机乘数影响，该乘数的均值 m 和方差 σ_m^2 未知，把这两个参数引入系统中，而不是作为潜在变量为每一个乘数寻找一个合适的值，$\eta = \left\{m, \sigma_m^2\right\}$。而且，使用这个乘数形式可以维持误差的异方差性。

同时，为了解决没有真实输入数据的问题，将输入误差模型并入模型误差项中：

$$e(\theta) = y(\theta, \eta) - \tilde{y} \qquad （5.3-4）$$

因此，似然函数有如下形式：

$$p\left(\theta, \eta \mid \tilde{X}, \tilde{y}\right) \propto L\left(\tilde{y} \mid \theta, \eta, \tilde{X}\right) \times p(\theta, \eta) \qquad （5.3-5）$$

简单说，IBUNE 方法中引进了一个随机乘数，这些乘数服从一个均值和方差都未知的正态分布，并将均值和方差作为两个未知的参数加入系统中，使用 SCEM-UA 同时估计模型参数和输入误差模型参数。

2. 模型结构不确定性

通常情况下，在流量预报中只使用单一的预报模型，然而由于模型在刻画真实降雨-径流过程中存在不足，只依赖一种模型不能充分描述流域的所有物理过程，进而导致预报结果存在偏差。

IBUNE 将 BMA 方法和 SCEM-UA 结合形成一种混合方法，其综合了两种方法的优点，对输入不确定性、模型参数不确定性和模型结构不确定性进行了综合量化分析。IBUNE 中采用 BMA 方法量化模型结构不确定性，计算公式为

$$p\left(y_{\text{bma}} \mid y_1, \cdots, y_k, \tilde{X}, \tilde{y}\right) = \sum_{k=1}^{K} p\left(M_k \mid \tilde{X}, \tilde{y}\right) \cdot p_k\left(y_k \mid M_k, \tilde{X}, \tilde{y}\right) \qquad （5.3-6）$$

$$E\left[y_{\text{bma}} \mid y_1, \cdots, y_k, \tilde{X}, \tilde{y}\right] = \sum_{k=1}^{K} w_k y_k \qquad （5.3-7）$$

$$\mathrm{var}\Big[y_{\mathrm{bma}}\big|y_1,\cdots,y_k,\tilde{X},\tilde{y}\Big]=\sum_{k=1}^{K}w_k\left(y_k-\sum_{k=1}^{K}w_iy_i\right)^2+\sigma^2 \tag{5.3-8}$$

式中，$p\big(M_k\big|\tilde{X},\tilde{y}\big)$ 为第 k 个模型 M_k 的后验概率分布；$w_k\!=\!p\big(M_k\big|\tilde{X},\tilde{y}\big)$ 为第 k 个模型 M_k 的权重，且 $\sum_{k=1}^{K}w_k=1$；$p_k(y_k\big|M_k,\tilde{X},\tilde{y})$ 为基于第 k 个模型 M_k 获得的水文输出值（流量）的后验分布。模型 M_k 中的 y_k 与模型 M_k 的输入和参数不确定性直接相关，即

$$p(y_k\big|M_k,\tilde{X},\tilde{y})\propto p(\theta_k,\eta_k\big|M_k,\tilde{X},\tilde{y}) \tag{5.3-9}$$

式（5.3-6）中第一项 $p\big(M_k\big|\tilde{X},\tilde{y}\big)$ 采用最大似然估计法进行估计。最大似然估计法是通过最大化观测数据 $\tilde{y}$ 发生的概率来估计 w_k 和 σ^2 的。在最大似然估计法中，一般采用对数形式的似然函数，具体如下：

$$L\big(w_1,\cdots,w_k,\sigma^2\big)=\sum_{t=1}^{T}\lg\left(\sum_{k=1}^{K}w_k\cdot p\big(\tilde{y}_t\big|y_{kt}\big)\right) \tag{5.3-10}$$

在推求似然函数的最大值时，由于求解的方程维度较高，采用牛顿-拉夫森迭代等方法很难对似然函数进行求解。为了计算式（5.3-10），将式（5.3-9）左边的 $p(y_k\big|M_k,\tilde{X},\tilde{y})$，即 SCEM-UA 的结果直接代入式（5.3-6）中，并使用期望最大化算法（EM）来估计 $p\big(M_k\big|\tilde{X},\tilde{y}\big)$。EM 算法详细介绍见 4.2.2 节中"4. 期望最大化算法"。

简言之，应用 IBUNE 方法的具体步骤如下。

（1）确定水文预报模型的个数。

（2）确定每个模型权重的先验分布，通常采用无信息先验分布，即对所有的模型给出相同的权重。

（3）确定输入误差模型。

（4）用 SCEM-UA 算法估计预报模型参数和误差模型参数的后验分布。

（5）基于步骤（2）～步骤（4）估计的参数值，可获得预报量（如流量）的初始预报值。

（6）采用 EM 算法估计模型的权重和每个预报集合的方差。

（7）使用式（5.3-7）和式（5.3-8）估计预报量的均值与方差。

5.4 应 用 实 例

5.4.1 原始 BFS 应用实例

Krzysztofowicz[17]在美国宾夕法尼亚州阿勒格尼河（Allegheny River）上游的埃尔德雷德（Eldred）控制站，采用 BFS 模型进行了河道水位概率预报研究。该站点控制面积 1430km^2，并由美国国家气象局（the US National Weather Service，NWS）的俄亥俄河预报中心提供河道水位的确定性预报结果。水位预报所需的所有输入数据为当日 1200UTC（协调世界时）所能获得的实测数据。从每日的 1200UTC 开始，该预报中心提供未来 24h、48h、72h 的预报结果。

此外，由 NWS 的一个标准降雨预报模型提供流域面平均降雨量 W 的概率预报结果。该模型将 1 天 24 小时分为 4 个时段，采用双参数 Weibull 分布量化时段降雨量，并给出每个时段发生降雨的概率值。表 5.4-1 列出了某一天降雨概率预报成果，即概率预报分布函数中所涉及的参数值。

表 5.4-1 BFS 输入的降雨概率预报示例

输入	符号	数值
降雨预报		
降雨发生的可能性	ν	0.85
降雨量的条件分布 $H_1$①		
尺度参数	α	1.807
形状参数	β	1.378
子时段降雨量占当日降雨的比例		
子时段 1	ξ_1	0.00
子时段 2	ξ_2	0.10
子时段 3	ξ_3	0.40
子时段 4	ξ_4	0.50
水位观测		
实测水位②	h_0	7.90

注：①韦布尔分布；降雨量单位为英寸（in），1in=2.54cm
②水位单位是英尺（ft），1ft=3.048×10^{-1}m

在降雨发生概率 ν=1 时，未来 24h 时段降雨量 W 的分布函数如图 5.4-1 所示。

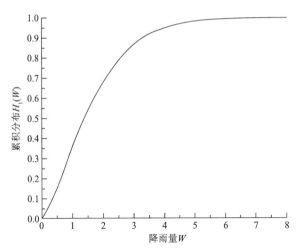

图 5.4-1　降雨发生概率为 1 时，未来 24h 时段降雨量累积分布函数图

BFS 系统采用 PUP 模块对降雨预报不确定性进行处理。PUP 首先将降雨发生概率 P 分别设定为 0、0.25、0.50、0.75、0.90、0.95、0.995，再结合降雨量 W 的分布函数计算这 7 种概率对应的面平均雨量 w_p 值，并计算 w_p 对应的模型预报值，结果见表 5.4-2。

表 5.4-2　不同降雨发生概率条件下面平均雨量值与模型水位预报结果

项目	概率 P						
	0	0.25	0.50	0.75	0.90	0.95	0.995
w_p	0.00	0.73	1.39	2.29	3.31	4.01	6.06
s_{1p}	5.99	6.80	7.74	9.17	10.37	12.01	14.44
s_{2p}	5.68	10.54	14.34	18.34	20.80	22.44	25.27
s_{3p}	5.40	8.85	12.19	15.75	18.13	20.04	22.76

注：降雨量单位为英寸，水位单位为英尺

表 5.4-2 中第一行数值为设定的 7 种不同概率值，第二行数值为不同概率条件下的面平均降雨量 w_p，后三行数值分别为预见期为 24h、48h、72h 时，不同降雨量情况下的模型水位预报结果。

BFS 系统采用 HUP 模块处理水文不确定性，HUP 首先需要确定不同降雨发生概率条件下，实测序列与预报序列的边际分布。研究表明，不同降雨发生概率条件下，实测、预报序列的条件边际分布的线型不同，表 5.4-3 给出降雨发生概率 v 分别为 0 和 1，预见期分别为 24h、48h、72h 条件下，实测水位条件边际分布

线型选择和参数拟合结果;表 5.4-4 给出了预报水位条件边际分布线型选择和参数
拟合结果。

表 5.4-3　实测水位条件边际分布线型选择和参数拟合结果

| 降雨事件 ν | 开始时间 n | 分布 | | 参数 | | | 相关系数 $c_{n\nu}$ |
		符号 $\Gamma_{n\nu}$	类型 $l_{n\nu}$	尺度参数 $\alpha_{n\nu}$	形状参数 $\beta_{n\nu}$	移位参数 $\gamma_{n\nu}$	
	0	Γ_{01}	LW	1.41	2.58	3.45	
	1	Γ_{11}	LW	1.59	3.02	3.45	0.702
1	2	Γ_{21}	LW	1.66	3.40	3.45	0.810
	3	Γ_{31}	LW	1.63	3.80	3.45	0.789
	0	Γ_{00}	LL	3.01	2.93	3.45	
	1	Γ_{10}	LL	2.66	3.02	3.45	0.948
0	2	Γ_{20}	LL	2.50	3.23	3.45	0.797
	3	Γ_{30}	LL	2.53	2.98	3.45	0.813

注: LW, 对数韦布尔, LL, 逻辑斯蒂克分布; 水位单位为英尺

表 5.4-4　预报水位条件边际分布线型选择和参数拟合结果

| 降雨事件 ν | 开始时间 n | 分布 | | 参数 | | |
		符号 $\overline{\Lambda}_{n\nu}$	类型 $l_{n\nu}$	尺度参数 $\alpha_{n\nu}$	形状参数 $\beta_{n\nu}$	移位参数 $\gamma_{n\nu}$
	1	$\overline{\Lambda}_{11}$	LW	1.63	3.06	3.32
1	2	$\overline{\Lambda}_{21}$	LW	1.96	4.67	2.00
	3	$\overline{\Lambda}_{31}$	LW	1.83	4.63	2.26
	1	$\overline{\Lambda}_{10}$	LL	2.72	3.41	3.24
0	2	$\overline{\Lambda}_{20}$	LL	2.50	3.70	3.14
	3	$\overline{\Lambda}_{30}$	LL	1.79	2.63	3.64

注: LW, 对数韦布尔, LL, 逻辑斯蒂克分布; 水位单位为英尺

　　在条件边际分布确定的基础上,HUP 模块对实测、模拟序列进行了正态分位
数转换,并在正态空间中推求预报量的后验分布。正态空间中水位后验分布参数
值见表 5.4-5。

表 5.4-5 正态空间中水位后验分布参数值

降雨事件 ν	开始时间 n	参数			
		$A_{n\nu}$	$B_{n\nu}$	$D_{n\nu}$	$T_{n\nu}$
1	1	0.857	0.000	0.130	0.307
	2	0.734	0.000	0.218	0.509
	3	0.602	0.000	0.099	0.757
0	1	0.960	0.000	0.038	0.064
	2	1.739	0.000	−0.886	0.477
	3	1.928	0.000	−1.234	0.656

在对降雨预报不确定性和水文不确定性分别处理的基础上，BFS 系统采用 INT 整合器将二者进行综合，进而量化预报的综合不确定性。

在量化预报综合不确定性时，由于采用双参数 Weibull 分布拟合面平均雨量 W，导致选取不同参数时，估计的 W 的累计分布函数也不同，最终导致水位的预报分布函数存在差别。如图 5.4-2 所示，采用 4 种不同的参数取值，可以得到 4 种不同的面平均雨量累积分布函数。

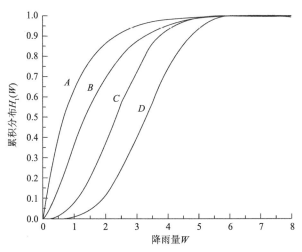

图 5.4-2 不同参数取值情况下面平均雨量累积分布函数图

图 5.4-2 中，A 线表示 Weibull 参数取值为（1.0，1.0），B 线表示参数取值为 （1.8，1.4），C 线表示参数取值为（2.7，2.5），D 线表示参数取值为（3.7，3.4）。与上述 4 组参数相对应的未来 24h、48h、72h 水位累积分布函数如图 5.4-3 所示。

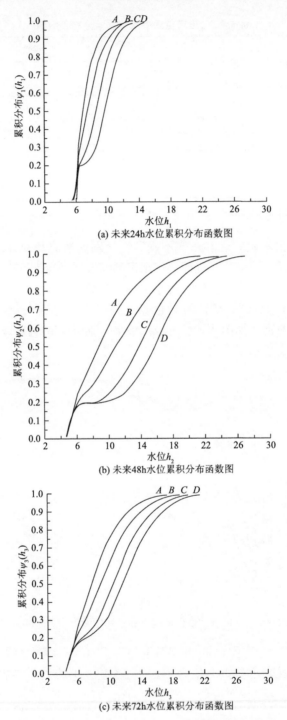

(a) 未来24h水位累积分布函数图

(b) 未来48h水位累积分布函数图

(c) 未来72h水位累积分布函数图

图 5.4-3　未来 24h、48h、72h 水位累积分布函数图

5.4.2　IBUNE 应用实例

IBUNE 综合考虑了水文模型输入、模型参数和模型结构的不确定性，是一种综合考虑各要素不确定性的洪水概率预报方法。

Ajami 等[5]将美国密西西比河的叶河流域（Leaf River Basin）作为研究对象，采用 IBUNE 方法进行预报不确定性的量化研究。该流域集水面积 1949km^2，以 1953~1957 年逐日降雨（6h 时间步长）、潜在蒸发、流量等为基础资料，采用了 3 个确定性水文模型：Sacramento Soil Moisture Accounting（SAC-SMA）、Hydrologic Model（HYMOD）、Simple Water Balance（SWB）模型。

IBUNE 方法首先结合 SCEM-UA 算法分析各个确定性模型参数的不确定性，即通过抽样的方式估计各确定性模型主要参数的分布函数，以量化模型参数的不确定性，并将其代入确定性模型中，进而获得考虑模型参数不确定性的概率预报结果。图 5.4-4 为 SAC-SMA 模型 5 个主要参数的后验分布直方图。

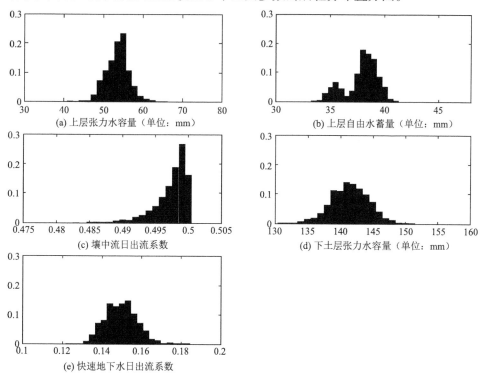

图 5.4-4　SAC-SMA 模型参数后验分布直方图

图 5.4-4 中的后验分布直方图由 SCEM-UA 算法经过 20000 次采样获得。图 5.4-5 给出了考虑参数不确定性情况下，基于 SAC-SMA 模型获得的 1957 年流量系列的概率预报结果。

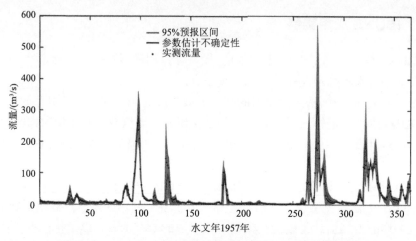

图 5.4-5　SAC-SMA 模型考虑参数不确定性的概率预报结果

　　同样经过 20000 次采样，可以得到 HYMOD 模型主要 5 个参数的后验分布直方图（图 5.4-6），以及考虑参数不确定性情况下，基于 HYMOD 模型获得的 1957年流量系列的概率预报结果（图 5.4-7）。

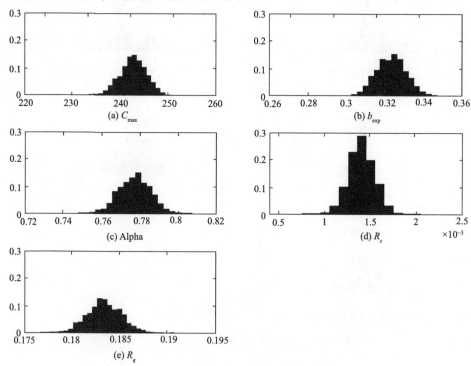

图 5.4-6　HYMOD 模型参数后验分布直方图

C_{max} 表示流域最大蓄水能力（mm）；b_{exp} 表示蓄水能力空间变异指数；Alpha 表示快慢径流划分比例因子；
R_s 表示慢速相应水箱残留时间（d）；R_q 表示快速相应水箱残留时间（d）

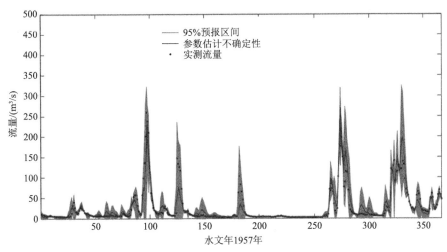

图 5.4-7　HYMOD 模型考虑参数不确定性的概率预报结果

图 5.4-8 给出了 SWB 模型主要 5 个参数的后验分布直方图。图 5.4-9 为考虑参数不确定性情况下，基于 SWB 模型获得的 1957 年流量系列概率预报结果。

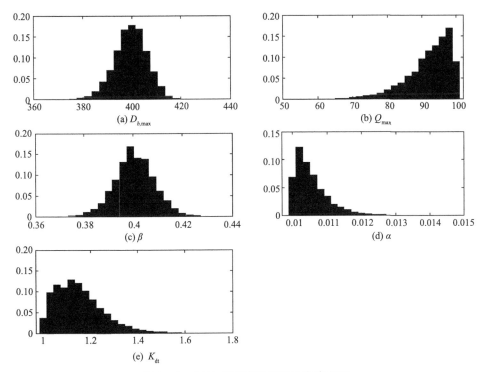

图 5.4-8　SWB 模型参数后验分布直方图

$D_{b,max}$ 表示底层土壤最大水分亏缺（mm）；Q_{max} 表示潜在地表以下径流（mm/d）；β 表示地表以下径流
转化系数；α 表示上层亏缺比例；K_{dt} 表示时间尺度因子（d）

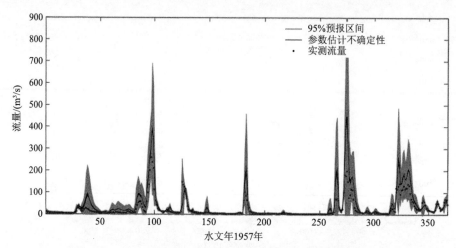

图 5.4-9　SWB 模型考虑参数不确定性的概率预报结果

在单独量化模型参数不确定性基础上，IBUNE 通过综合降雨乘数分布函数的影响，以量化降雨输入不确定性和模型参数不确定性，并表征为考虑输入不确定性情况下模型参数的分布函数，以 SAC-SMA 模型为例，其参数分布直方图如图 5.4-10 所示。

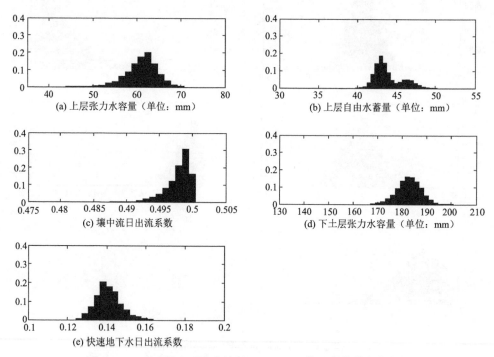

图 5.4-10　考虑输入不确定性的 SAC-SMA 模型参数分布直方图

图 5.4-11 为综合考虑模型参数与模型输入不确定性条件下，1957 年洪水的概率预报过程。

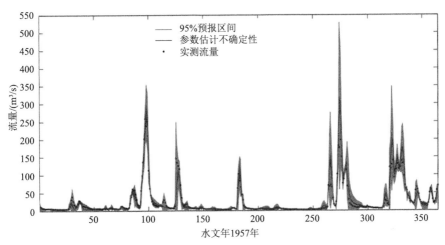

图 5.4-11   考虑模型参数与模型输入不确定性的洪水概率预报结果

在综合模型参数与模型输入不确定性的基础上，IBUNE 结合 BMA 方法，通过加权方法对多个确定性模型预报结果进行综合，以提供概率预报。图 5.4-12 给出了上述 3 个确定性模型对 1957 年洪水过程的预报效果及各自权重。BMA 方法在分配各模型权重时，具有较高预报能力的模型（SAC-SMA）分配到较高的权重，而预报能力相对较弱的模型（SWB）分配到最低权重。

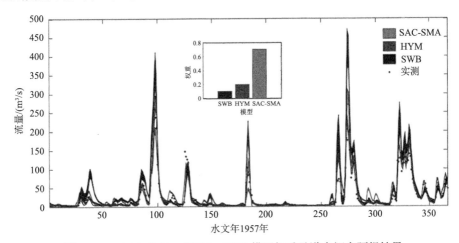

图 5.4-12   SAC-SMA、HYM、SWB 模型权重及洪水概率预报结果

图 5.4-13 给出了在综合考虑模型输入、参数和结构不确定性条件下，1957 年流量系列的概率预报结果。

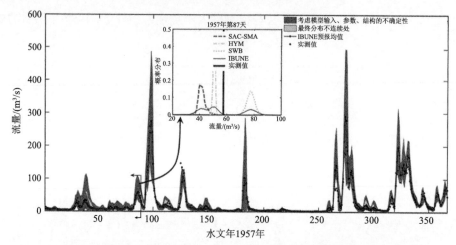

图 5.4-13　综合考虑模型输入、参数和结构不确定性的洪水概率预报

Brier Score（BS）评分指标被用于评价概率预报效果，其定义如下[18]：

$$BS = 1 - \frac{1}{N}\sum_{t=1}^{N}\left[f(t) - o(t)\right]^2 \tag{5.4-1}$$

式中，$f(t)$ 为 t 时刻大于某一阈值的样本比例；若该时刻观测值大于阈值，则 $o(t)=1$，否则为 0；N 为时刻数。BS 评分越大越好。

图 5.4-14 给出了各种预报情况下的 BS 评分结果。从图 5.4-14 可以看出，考虑多模型的概率预报比仅考虑单个模型的概率预报结果的 BS 得分更高，这表明通过综合多模型预报结果进行概率预报可提高预报能力。

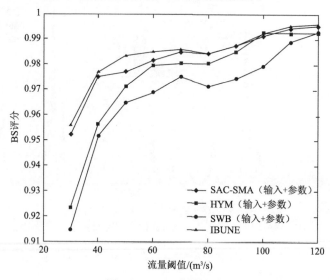

图 5.4-14　BS 评分结果

参 考 文 献

[1] Krzysztofowicz R. Bayesian theory of probabilistic forecasting via deterministic hydrologic model. Water Resources Research, 1999, 35(9): 2739-2750.

[2] Krzysztofowicz R, Kelly K S. Hydrologic uncertainty processor for probabilistic river stage forecasting. Water Resources Research, 2001, 36(11): 3265-3277.

[3] Kavetski D, Kuczera G, Franks S W. Bayesian analysis of input uncertainty in hydrological modeling: 1. Theory. Water Resources Research, 2006, 42(3): W03407.

[4] Kuczera G, Kavetski D, Franks S, et al. Towards a Bayesian total error analysis of conceptual rainfall-runoff models: characterising model error using stormdependent parameters. Journal of Hydrology, 2006, 331(1-2): 161-177.

[5] Ajami N K, Duan Q, Sorooshian S. An integrated hydrologic Bayesian multimodel combination framework: confronting input, parameter, and model structural uncertainty in hydrologic prediction. Water Resources Research, 2007, 43(1): W1403.

[6] 张洪刚. 贝叶斯概率水文预报系统及其应用研究. 武汉: 武汉大学, 2005.

[7] 王军, 梁忠民, 胡义明. BFS 在洪水预报中的应用与改进. 河海大学学报(自然科学版), 2012(1): 52-58.

[8] 张宇, 梁忠民. BFS 在洪水预报中的应用研究. 水电能源科学, 2009(5): 44-47.

[9] 邢贞相, 芮孝芳, 付强, 等. 确定性水文模型的贝叶斯概率预报. 北京: 科学出版社, 2015.

[10] 邢贞相. 确定性水文模型的贝叶斯概率预报方法研究. 河海大学, 2007.

[11] Gelman A, Carlin J B, Stern H S, et al. Bayesian Data Analysis. London: Chapmann and Hall, 1995.

[12] 李明亮. 基于贝叶斯统计的水文模型不确定性研究. 北京: 清华大学, 2012.

[13] Thyer M, Renard B, Kavetski D, et al. Critical evaluation of parameter consistency and predictive uncertainty in hydrological modeling: a case study using Bayesian total error analysis. Water Resources Research, 2009, 45(12): 1-22.

[14] Kavetski D, Kuczera G, Franks S W. Bayesian analysis of input uncertainty in hydrological modeling: 2. Application. Water Resources Research, 2006, 42(3): W3408.

[15] Hoeting J A, Madigan D, Raftery A E, et al. Bayesian model averaging: a tutorial. Statistical Science, 1999, 14(4): 382-401.

[16] Vrugt J A, Gupta H V, Bouten W, et al. A shuffled complex evolution metropolis algorithm for optimization and uncertainty assessment of hydrologic model parameters. Water Resources Research, 2003, 39(8): 1-16.

[17] Krzysztofowicz R. Bayesian system for probabilistic river stage forecasting. Journal of Hydrology, 2002, 268: 16-40.

[18] Georgakakos K P, Seo D J, Gupta H V, et al. Characterizing streamflow simulation uncertainty through multimodel ensembles. Journal of Hydrology, 2004, 298(1-4): 222-241.

第6章 水文不确定性处理器及其改进

水文不确定性处理器（hydrologic uncertainty processor，HUP）是最早发展起来的一个基于误差分析途径开展洪水概率预报的模型，该模型采用统计方法估计以确定性模型预报结果为条件的预报变量的分布函数[1]。HUP 是一种"model-free"方法，直接处理模型的输出结果，而不涉及具体的模型结构与参数，因此具有可以和任一水文预报模型耦合的优点，被广泛应用与研究。李向阳等[2]将 BP 神经网络模型与之相结合，避免了线性-正态假定，扩展了 HUP 模型的适用性。刘章君等[3]提出了 Copula-BFS 方法，采用 Copula 函数推求预报量的后验分布，并进行数值求解。Yao 等[4]采用主成分分析（principal components analysis，PCA）技术，对传统 HUP 模型进行改进，提出 PCA-HUP 模型，避免了似然函数求解过程中的多元共线性问题。

6.1 水文不确定性处理器

水文不确定性处理器（HUP）是 BFS 的主要组成部分，广泛用于分析除降雨之外的其他所有不确定性。其在分析模拟系列与实测系列误差基础上，利用贝叶斯理论估计预报变量的后验分布，从而实现预报不确定性分析及概率预报。HUP 由于结构清晰，计算快捷，被广泛应用于国内外洪水概率预报研究中[1,5,6]。HUP 基本流程如图 6.1-1 所示。

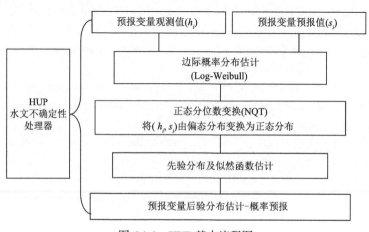

图 6.1-1 HUP 基本流程图

6.1.1　HUP 原理

HUP 利用概率分布的贝叶斯修正原则来处理水文不确定度。用 H_0 表示在预报时刻已知的实测流量，$H_n(n=0,1,\cdots,N)$ 表示待预报的实际流量过程，N 为预见期的长度，$S_n(n=1,2,\cdots,N)$ 表示确定性水文模型的预报流量过程。H_n 的实测值和 S_n 的估计值分别用 h_n、s_n 表示。如果不存在水文不确定性，则应该有 $h_n=s_n$，其中 $n=1,2,\cdots,N$。但实际上水文不确定性的存在使得 $h_k \neq s_k$。

在 HUP 中，假定实测流量过程 $H_n(n=0,1,\cdots,N)$ 服从一阶马尔可夫过程且严格平稳，即对于任意的 $n(n=2,3,\cdots,N)$，(H_{n-1},H_n) 与 (H_0,H_1) 的联合分布函数相等。在此假定基础上，$(H_n：n=1,2,\cdots,N)$ 的先验不确定性可以由 H_n 的边缘密度函数 θ 和转换密度函数族 $\{r(\cdot|h_0)：\text{all } h_0\}$ 来描述，其中，$r(h_1|h_0)$ 是 H_1 在 $H_0=h_0$ 时的条件密度函数。对于所有的 h_1、θ 和 r 满足如下关系：

$$\theta(h_1)=\int_{-\infty}^{+\infty} r(h_1|h_0)\theta(h_0)\mathrm{d}h_0 \tag{6.1-1}$$

对于给定预报时刻 t，假设已知的实测流量为 $H_0=h_0$，则 H_n 的先验密度 $g_n(\cdot|h_0)$ 就等于 n 阶转换密度：

当 $n=1$ 时，

$$g_1(h_1|h_0)=r(h_1|h_0) \tag{6.1-2}$$

当 $n=2,3,\cdots,N$ 时，

$$g_n(h_n|h_0)=\int_{-\infty}^{+\infty} r(h_n|h_{n-1})g_{n-1}(h_{n-1}|h_0)\mathrm{d}h_{n-1} \tag{6.1-3}$$

一般认为，模拟的流量过程 $(S_n：n=1,2,\cdots,N)$ 是非平稳的，即随机过程。水文不确定性可以用条件概率密度函数族 $\{f_n(\cdot|h_n,h_0)：\text{all } h_n,h_0,n=1,2,\cdots,N\}$ 表示，其中，$f_n(\cdot|h_n,\ h_0)$ 为模拟流量 S_n 在 $H_n=h_n$ 条件下的密度函数；对于给定的 $H_0=h_0$ 和 $S_n=s_n$，函数 $f_n(s_n|h_n,\ h_0)$ 为 H_n 的似然函数。

密度族 g_n 和 f_n 将先验不确定性和水文不确定性信息耦合到贝叶斯修正处理器中，对于任意时刻 n 及任意观测值 $H_0=h_0$，基于全概率公式对先验密度函数 g_n 与似然函数 f_n 进行综合，可求得 S_n 的期望密度函数：

$$\kappa_n(s_n|h_0)=\int_{-\infty}^{+\infty} f_n(s_n|h_n,h_0)g_n(h_n|h_0)\mathrm{d}h_n \tag{6.1-4}$$

根据贝叶斯原理，在 $S_n=s_n$ 条件下，可求得实际流量系列 H_n 的后验密度函数：

$$\phi(h_n|s_n,h_0) = \frac{f_n(s_n|h_n,h_0)g_n(h_n|h_0)}{\kappa_n(s_n|h_0)}$$ （6.1-5）

后验密度族 $\varPhi_n$ 量化了实际流量系列 H_n 的水文不确定性。后验密度函数，可提供均值预报及置信区间概率预报结果。

6.1.2　HUP 的关键技术

1. 正态分位数转换

对于给定预见期 $n(n=1,2,\cdots,N)$，定义实测流量 H_0 的边缘分布函数为 $\varGamma$，确定性模型预报流量 S_n 的分布函数为 $\overline{\varLambda}_n$，密度函数分别用 γ 和 $\overline{\lambda}_n$ 表示。

亚高斯模型（meta-Gaussian model）的核心内容是正态分位数转换（normal quantile transform，NQT）。令 Q 表示标准正态分布，q 表示相应的标准正态密度函数，则 H_n 与 S_n 转换后的正态分位数可分别表示为

$$W_n = Q^{-1}\big[\varGamma(H_n)\big] \qquad n=0,1,\cdots,N$$ （6.1-6）

$$X_n = Q^{-1}\big[\overline{\varLambda}_n(S_n)\big] \qquad n=1,2,\cdots,N$$ （6.1-7）

式中，W_n 和 X_n 分别为 H_n 和 S_n 的正态分位数；$\varGamma$ 和 $\overline{\varLambda}_n$ 分别为 H_n 和 S_n 的边缘分布函数。

2. 边际分布

边际分布函数 $\varGamma$ 的选取，可以是参数型分布函数也可以是非参数型分布函数。常用的参数分布有 Gamma 分布、Log-Pearson 分布、Log-Normal 分布、Log-Weibull 分布、Weibull 分布、Kappa 分布等。在实际工作中，针对不同流域、不同季节，可以选用不同的分布，选用的原则是使假定分布与经验分布拟合的标准差最小。Krzysztofowicz 通过研究比较，建议采用 Log-Weibull（对数韦布尔）分布[7]，其密度函数与分布函数分别为

$$f(x) = \frac{\beta}{\alpha(x-\gamma+1)}\left[\frac{\ln(x-\gamma+1)}{\alpha}\right]^{\beta-1}\exp\left\{-\left[\frac{\ln(x-\gamma+1)}{\alpha}\right]^{\beta}\right\}$$ （6.1-8）

$$F(x) = 1-\exp\left\{-\left[\frac{\ln(x-\gamma+1)}{\alpha}\right]^{\beta}\right\}$$ （6.1-9）

式中，α、β 和 γ 为待定的三个参数。

利用 H_0 的经验点据进行参数估计。为减小计算量、简化计算程序，实际操作过程中，先对流量资料进行求对数处理，然后用矩法对三参数 Weibull 分布进行参数估计。三参数 Weibull 分布的密度函数与分布函数分别为

$$f(x) = \begin{cases} \dfrac{c}{b}\left(\dfrac{x-a}{b}\right)^{c-1} \cdot e^{-\left(\frac{x-a}{b}\right)^c} & x \geqslant a \\ 0 & x < a \end{cases} \tag{6.1-10}$$

$$F(x) = 1 - e^{-\left(\frac{x-a}{b}\right)^c} \tag{6.1-11}$$

式中，a、b、c 为三参数 Weibull 分布中待估计的三个参数，其中，a 为位置参数，b 为尺度参数，c 为形状参数。

采用矩法估计三个参数时需要前三阶矩，具体如下。

一阶原点矩，即数学期望为

$$v_1 = \overline{X} = a + b \cdot \Gamma\left(1 + \frac{1}{c}\right) \tag{6.1-12}$$

二阶中心矩，即方差为

$$\mu_2 = \sigma^2 = b^2\left[\Gamma\left(1 + \frac{2}{c}\right) - \Gamma^2\left(1 + \frac{1}{c}\right)\right] \tag{6.1-13}$$

因此，有

$$C_v = \frac{\sigma}{\overline{X}} = \frac{b\left[\Gamma\left(1 + \dfrac{2}{c}\right) - \Gamma^2\left(1 + \dfrac{1}{c}\right)\right]^{\frac{1}{2}}}{a + b \cdot \Gamma\left(1 + \dfrac{1}{c}\right)} \tag{6.1-14}$$

由三阶中心矩 $\mu_3 = v_3 - 3v_1v_2 + 2v_1^3$ 可求得

$$C_s = \frac{\mu_3}{\sigma^2} = \frac{\Gamma\left(1 + \dfrac{3}{c}\right) - 3\Gamma\left(1 + \dfrac{2}{c}\right)\Gamma\left(1 + \dfrac{1}{c}\right) + 2\Gamma^3\left(1 + \dfrac{1}{c}\right)}{\left[\Gamma\left(1 + \dfrac{2}{c}\right) - \Gamma^2\left(1 + \dfrac{1}{c}\right)\right]^{\frac{3}{2}}} \tag{6.1-15}$$

令

$$d = \Gamma\left(1 + \frac{2}{c}\right) - \Gamma^2\left(1 + \frac{1}{c}\right) \tag{6.1-16}$$

$$e = \Gamma\left(1 + \frac{1}{c}\right) \tag{6.1-17}$$

则有

$$b = \frac{\sigma}{\sqrt{d}} \ \text{及} \ a = \overline{X} - b \cdot e \tag{6.1-18}$$

先利用样本资料计算出偏态系数 C_s，然后由式（6.1-15）反解出 c，进而可由式（6.1-16）和式（6.1-17）分别求出 d 和 e，最后可求出参数 b 和 a。

3. 转化空间里的模型

求得 H_n 和 S_n 的正态分位数 W_n 和 X_n 后，就可以在转化空间里对 W_n 和 X_n 进行分析，构造先验分布与似然函数，并求解出后验密度函数。

1）先验分布

对 W_n 的估计方法有马尔可夫过程、最近邻抽样回归模型等。考虑计算的简便性，假定转化空间中的流量过程服从一阶马尔可夫过程的正态-线性关系：

$$W_n = cW_{n-1} + \varXi \tag{6.1-19}$$

式中，c 为参数；$\varXi$ 为不依赖于 W_{n-1} 的残差系列，且服从 $N(0, 1-c^2)$ 的正态分布。由此，可以求出 W_n 在 $W_{n-1} = w_{n-1}$ 条件下的数学期望与方差：

$$E\left(W_n | W_{n-1} = w_{n-1}\right) = cw_{n-1} \tag{6.1-20}$$

$$\mathrm{var}\left(W_n | W_{n-1} = w_{n-1}\right) = 1 - c^2 \tag{6.1-21}$$

同时，转化密度函数为

$$r_Q\left(w_n | w_{n-1}\right) = \frac{1}{\left(1-c^2\right)^{1/2}} q\left(\frac{w_n - cw_{n-1}}{\left(1-c^2\right)^{1/2}}\right) \tag{6.1-22}$$

式中，q 为标准正态密度函数；下标 Q 为该密度函数在正态分位数转换空间里的密度分布。

对于任意时刻 n，W_n 的边缘密度函数为标准正态密度，即 $\gamma_Q = q$。根据式（6.1-22）可求得第 n 时刻的先验密度函数，即

$$g_{Q_n}\left(w_n | w_0\right) = \frac{1}{\left(1-c^{2n}\right)^{1/2}} q\left(\frac{w_n - c^n w_0}{\left(1-c^{2n}\right)^{1/2}}\right) \tag{6.1-23}$$

2）似然函数

假定转化空间中的各变量 X_n、W_n、W_0 服从正态-线性关系[8]，如下：

$$X_n = a_n W_n + d_n W_0 + b_n + \Theta_n \quad (6.1\text{-}24)$$

式中，a_n、b_n 和 d_n 为参数；Θ_n 为不依赖于 (W_n, W_0) 的残差系列，且服从正态分布 $N(0, \sigma_n^2)$。

由此可推得 X_n 以 $W_n = w_n$、$W_0 = w_0$ 为条件的均值与方差：

$$E\left(X_n \middle| W_n = w_n, \middle| W_0 = w_0\right) = a_n w_n + d_n w_0 + b_n \quad （6.1\text{-}25）$$

$$\mathrm{var}\left(X_n \middle| W_n = w_n, \middle| W_0 = w_0\right) = \sigma_n^0 \quad （6.1\text{-}26）$$

即 X_n 在 $W_n = w_n$、$W_0 = w_0$ 条件下服从正态分布 $N(a_n w_n + d_n w_0 + b_n, \sigma_n^2)$，且其条件密度函数，即似然函数为

$$f_{Q_n}\left(x_n \middle| w_n, w_0\right) = \frac{1}{\sigma_n} q\left(\frac{x_n - a_n w_n - d_n w_0 - b_n}{\sigma_n}\right) \quad (6.1\text{-}27)$$

3）转化空间中的推导

综合先验密度和似然函数，得到转化后的 X_n 的期望密度函数为

$$\kappa_{Q_n}\left(x_n \middle| w_0\right) = \frac{1}{\left(a_n^2 t_n^2 + \sigma_n^2\right)^{1/2}} q\left(\frac{x_n - (a_n c_n + d_n) w_0 - b_n}{\left(a_n^2 t_n^2 + \sigma_n^2\right)^{1/2}}\right) \quad （6.1\text{-}28）$$

式中，$t_n^2 = 1 - c^{2n}$。

进一步可推出 W_n 的后验密度函数：

$$\varphi_{Q_n}\left(w_n \middle| x_n, w_0\right) = \frac{1}{T_n} q\left(\frac{w_n - A_n x_n - D_n w_0 - B_n}{T_n}\right) \quad （6.1\text{-}29）$$

式中，

$$A_n = \frac{a_n t_n^2}{a_n^2 t_n^2 + \sigma_n^2}, \qquad B_n = \frac{-a_n b_n t_n^2}{a_n^2 t_n^2 + \sigma_n^2} \quad （6.1\text{-}30）$$

$$D_n = \frac{c^n \sigma_n^2 - a_n d_n t_n^2}{a_n^2 t_n^2 + \sigma_n^2}, \qquad T_n^2 = \frac{t_n^2 \sigma_n^2}{a_n^2 t_n^2 + \sigma_n^2} \quad （6.1\text{-}31）$$

最后，采用全概率公式，由 $\gamma_Q = q$ 和式（6.1-28），得到 X_n 的边缘期望密度

函数：

$$\lambda_{Q_n}(x_n) = \frac{1}{\tau_n} q\left(\frac{x_n - b_n}{\tau_n}\right) \tag{6.1-32}$$

式中，$\tau_n^2 = a_n^2 + d_n^2 + \sigma_n^2 + 2a_n d_n c^n$；除非 $b_n = 0$、$\tau_n = 1$，否则 $\lambda_{Q_n}(x_n) \neq q$。

4. 原始空间中的模型

由于转化空间中的所有密度函数 r_Q、g_{Q_n}、f_{Q_n}、κ_{Q_n}、ϕ_{Q_n} 和 λ_{Q_n} 均属于高斯函数族，因此原始空间里的各密度函数 r、g_n、f_n、κ_n、ϕ_n、λ_n 就属于亚高斯函数族。对于任意原始变量 Y（H_n 或 S_n）、边缘分布函数 M（Γ 或 $\overline{\Lambda_n}$），以及相应的密度函数 m（γ 或 $\overline{\lambda_n}$），原始空间和转化空间里的两个密度函数族是通过正态分位数转换相互联系的，两者之间的 Jacobian 变换为

$$J(y) = \frac{m(y)}{q(Q^{-1}(M(y)))} \tag{6.1-33}$$

1）先验密度函数

根据预报时刻给出的条件 $H_0 = h_0$，可得到 H_n 的亚高斯先验密度函数：

$$g_n(h_n|h_0) = \frac{\gamma(h_n)}{(1 - c^{2n})^{1/2} q(Q^{-1}(\Gamma(h_n)))} q\left(\frac{Q^{-1}(\Gamma(h_n)) - c^n Q^{-1}(\Gamma(h_0))}{(1 - c^{2n})^{1/2}}\right) \tag{6.1-34}$$

相应的亚高斯先验分布函数为

$$G_n(h_n|h_0) = Q\left(\frac{Q^{-1}(\Gamma(h_n)) - c^n Q^{-1}(\Gamma(h_0))}{(1 - c^{2n})^{1/2}}\right) \tag{6.1-35}$$

在构造先验密度族的过程中用到流量 H_n 的边缘分布函数 Γ 和相应的密度函数 γ，以及 (W_n, W_{n-1}) 的一阶皮尔逊相关系数 c，因为 (W_n, W_{n-1}) 的联合分布是正态的，所以参数 c 足以描述 W_n 和 W_{n-1} 之间的随机相互关系。同样，在亚高斯分布函数中，参数 c 也足以描述原始流量 H_n 和 H_{n-1} 之间的随机相互关系。

可以推广，c^n 是 W_n 和 W_0 之间的 k 阶皮尔逊相关系数，因为 $|c| < 1$，所以当表达式（6.1-35）中的时间 n 趋向于无穷大时，就会有 $G_n(\cdot|h_0) \to \Gamma$，这说明亚高斯模型是收敛的。

2）后验密度函数

在预测流量 $S_n = s_n$ 和实测流量 $H_0 = h_0$ 条件下，原始空间中实际流量 H_n 的亚

高斯后验密度函数为

$$\phi\left(h_n \middle| s_n, h_0\right) = \frac{\gamma\left(h_n\right)}{T_n q\left(Q^{-1}\left(\Gamma\left(h_n\right)\right)\right)} q\left(\frac{Q^{-1}\left(\Gamma\left(h_n\right)\right) - A_n Q^{-1}\left(\overline{A}_n\left(s_n\right)\right) - D_n Q^{-1}\left(\Gamma\left(h_0\right)\right) - B_n}{T_n}\right)$$

（6.1-36）

相应的亚高斯后验分布函数为

$$\Phi_n\left(h_n \middle| s_n, h_0\right) = Q\left(\frac{Q^{-1}\left(\Gamma\left(h_n\right)\right) - A_n Q^{-1}\left(\overline{A}_n\left(s_n\right)\right) - D_n Q^{-1}\left(\Gamma\left(h_0\right)\right) - B_n}{T_n}\right)$$ （6.1-37）

公式中相关变量意义同前。

6.2　基于 BP 神经网络的 HUP 模型

在原始的 HUP 中，首先需要对实际流量 H_n 和确定性模型预报流量 S_n 进行正态分位数转换，并对转换后的 $\{h_n | h_0\}$ 与 $\{s_n | h_n, h_0\}$ 进行线性-正态假设。然后采用线性回归方法求得转换空间里 H_n 的后验密度。最后返回原始空间得到 H_n 的后验密度函数。由于该方法过程复杂，且需要进行线性-正态假设，因而其适用性受到较大限制。考虑 BP 神经网络技术能较好地模拟水文水资源系统非线性特征，适用于建立流量先验分布和似然函数，因此，李向阳等[2]开展了基于 BP 神经网络的 HUP 研究。

6.2.1　流量先验分布

由历史资料可以获得样本系列 $\left\{\left(h_n, h_0\right)_i : n = 1, 2, \cdots, m; i = 1, 2, \cdots, m\right\}$ 和 $\left\{\left(s_n, h_n, h_0\right)_i : n = 1, 2, \cdots, m; i = 1, 2, \cdots, m\right\}$，其中，$n$ 为预见期，m 为序列长度，h_0 表示预报时刻对应前期流量过程 $h_0 = h_{t_0}, h_{t_0-1}, h_{t_0-2}, \cdots, h_{t_0-p+1}$，$P$ 为模型阶数。根据这两个样本系列，可采用三层网络结构的 BP 神经网络模型建立流量先验分布及似然函数。

采用 BP 神经网络定义的流量先验分布模型可用下式表示：

$$H_n = G\left(H_n \middle| H_0\right) + \varepsilon_n$$ （6.2-1a）

式中，t_0 为预报当前时刻；G 为 BP 神经网络模型的非线性映射；H_0 为 t_0 时刻前期流量观测过程，$H_0 = H_{t_0-p+1}, \cdots, H_{t_0-1}, H_{t_0}$；$\varepsilon_n$ 为模型残差，纯随机成分，假定其

服从正态分布 $\varepsilon_n \sim N\left(0, \sigma^2\right)$；$\sigma$ 为模型的均方误差。图 6.2-1 为基于 BP 神经网络模型推求流量先验分布示意图。

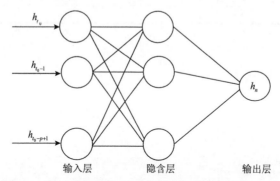

图 6.2-1　基于 BP 神经网络模型推求流量先验分布示意图

从图 6.2-1 可以看出，网络的输入结点数为模型阶数 P，P 决定了 BP 神经网络的模型结构。为了能更好模拟流量先验分布，调整输入层的单元数 P 建立不同模型，分别对不同 P 值的模型进行网络训练，通过分析不同网络模型的训练效果选取效果最优的网络结构。令 P=1，2，3，则

$$H_n = G\left(H_n \middle| H_{t_0-p+1}, \cdots, H_{t_0}\right) + \varepsilon_n \qquad p = 1,2,3 \qquad （6.2\text{-}1\text{b}）$$

由式（6.2-1a）可知：

$$E\left(H_n \middle| H_o = h_0\right) = G\left(h_0\right) \qquad （6.2\text{-}2）$$

$$\operatorname{var}\left(H_n \middle| H_o = h_0\right) = \sigma^2 \qquad （6.2\text{-}3）$$

$$g\left(h_n \middle| h_0\right) = \frac{1}{\sqrt{2\pi}\sigma} \exp\left(-\frac{\left(h_n - G\left(h_0\right)\right)^2}{2\sigma^2}\right) \qquad （6.2\text{-}4）$$

6.2.2　流量似然函数

采用 BP 神经网络模型描述的流量似然函数可用下式表示：

$$S_n = F\left(S_n \middle| H_n, H_0\right) + \Theta_n \qquad （6.2\text{-}5\text{a}）$$

式中，F 为 BP 神经网络模型的非线性映射；Θ_n 为模型残差，纯随机成分，假定服从正态分布 $\Theta_n \sim N\left(0, \xi^2\right)$；$\xi$ 为模型的均方误差；其他符号意义同前。图 6.2-2 为采用 BP 神经网络模型推求流量似然函数示意图。

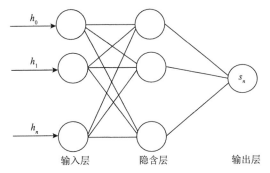

图 6.2-2　BP 神经网络模型推求流量似然函数示意图

从图 6.2-2 可以看出，网络的输入结点数为 $r+1$，参与建模的前期影响因素 r 决定神经网络模型的网络结构，因此，采用 r 代表网络输入结点数。为了更好模拟流量似然函数，调整输入层的单元数 r，建立不同模型，分别对不同 r 值的模型进行网络训练，通过分析选取效果最优的网络结构。令 $r=1$，2，3，则

$$S_n = F\left(S_n \middle| H_n, H_{t_0-r+1}, \cdots, H_{t_0}\right) + \Theta_n \qquad r = 1,2,3 \qquad (6.2\text{-}5b)$$

由式（6.2-5a）可知：

$$E\left(S_n \middle| H_n = h_n, H_0 = h_0\right) = F\left(h_n, h_0\right) \qquad (6.2\text{-}6)$$

$$\text{var}\left(S_n \middle| H_n = h_n, H_0 = h_0\right) = \xi^2 \qquad (6.2\text{-}7)$$

因此，流量似然函数可以表示为

$$f\left(s_n \middle| h_n, h_0\right) = \frac{1}{\sqrt{2\pi}\xi} \exp\left(-\frac{\left(s_n - F\left(h_n, h_0\right)\right)^2}{2\xi^2}\right) \qquad (6.2\text{-}8)$$

6.2.3　流量后验分布

通过 BP 神经网络模型分别建立流量的先验分布 $g\left(h_n \middle| h_0\right)$ 和似然函数 $f\left(s_n \middle| h_n, h_0\right)$，计算后验密度 $\phi\left(h_n \middle| s_n, h_0\right)$。由于归一化常数 $\kappa\left(s_n \middle| h_0\right)$ 无法得到，致使无法求得真正的流量后验密度 $\phi\left(h_n \middle| s_n, h_0\right)$。为此，通常采用 MCMC 方法，按照未归一化的概率分布 $f\left(s_n \middle| h_n, h_0\right)g\left(h_n \middle| h_0\right)$ 对后验流量 H_n 进行大量抽样，进而获得 H_n 的极限分布。

MCMC 方法的基本思想是，首先构造一个 Markov 链，使其极限分布收敛于

流量后验分布 $\phi\left(h_n|s_n,h_0\right)$。通过使用 MonteCarlo 方法对 Markov 链进行大量抽样，得到流量样本序列 $h_n^0,h_n^1,h_n^2,\cdots$，以此样本的经验分布描述 $\phi\left(h_n|s_n,h_0\right)$。

M-H 算法是 MCMC 方法中的典型抽样算法，其基本步骤如下。

（1）初始化，令 $i=0$，初始化 $h_n^i=s_n$。

（2）选择一个合适的转移概率 $G\left(h_n^*|h_n^i\right)$，并按照 $G\left(h_n^*|h_n^i\right)$ 生成一个新的 h_n^*。

（3）已知 h_n^*、h_n^i、s_n 及 h_0，由式（6.2-4）和式（6.2-8）可以求出 $f\left(s_n|h_n^*,h_0\right)$、$g\left(h_n^*|h_0\right)$、$f\left(s_n|h_n^i,h_0\right)$ 和 $g\left(h_n^i|h_0\right)$。

（4）计算 h_n^* 的接受概率 $A\left(h_n^i,h_n^*\right)$：

$$A\left(h_n^i,h_n^*\right)=\min\left\{1,\frac{G\left(h_n^i|h_n^*\right)f\left(s_n|h_n^*,h_0\right)g\left(h_n^*|h_0\right)}{G\left(h_n^*|h_n^i\right)f\left(s_n|h_n^i,h_0\right)g\left(h_n^i|h_0\right)}\right\} \tag{6.2-9}$$

（5）生成一个均匀分布随机数 $u\sim U[0,1]$。

（6）如果 $u<A\left(h_n^i,h_n^*\right)$，则 $h_n^{i+1}=h_n^*$，否则 $h_n^{i+1}=h_n^i$。

（7）$i=i+1$，重复步骤（2）～步骤（6）。经过大量抽样后，获得流量样本序列 $h_n^0,h_n^1,h_n^2,\cdots$ 的概率分布可收敛于 $\phi\left(h_n|s_n,h_0\right)$，进而可通过样本系列求得流量后验分布的各种统计特性，如均值、方差等。

为了使 M-H 算法取得更好的抽样效果，加快收敛速度，必须给出一个恰当的 h_n^* 转移概率 $G\left(h_n^*|h_n^i\right)$。如果 $G\left(h_n^*|h_n^i\right)$ 产生的 h_n 变化太小，搜索后验密度的收敛速度会变得很慢；如果 $G\left(h_n^*|h_n^i\right)$ 产生的 h_n 变化太大，可能会导致与后验分布不一致，最终收敛速度缓慢。一般假定 h_n 的分布范围为 $\{\max\{0,s_n-1000\},s_n+1000\}$，并通过随机生成均匀分布的随机数 $h_n^*\sim U\{\max\{0,s_n-1000\},s_n+1000\}$ 来定义转移概率 $G\left(h_n^*|h_n^i\right)$。

MCMC 方法提供了流量后验分布的一种求解方法，只要估计出流量的先验分布和似然函数（包括正态分布的各种复杂分布），就可通过 MCMC 方法求得不同预见期流量后验分布。

6.3 基于 Copula 函数的 HUP 模型

由于贝叶斯先验密度和似然函数本质上都可以看成条件概率密度函数，而 Copula 函数能够灵活地构造边缘分布为任意分布的水文变量联合分布，进而求解条件分布的解析表达式,且能较好地模拟水文水资源系统的非线性和非正态特征。2014 年刘章君等[3]提出了 Copula-HUP 模型,将传统 HUP 模型与 Copula 多维联合分布理论相结合,避免了传统 HUP 模型的正态假定。

6.3.1　Copula 函数

假设流量过程服从一阶马尔可夫过程,令 H_0 表示预报时刻已知的实测流量,H_k、S_k $(k=1,2,\cdots,K)$ 分别表示待预报的实际流量、确定性预报流量,K 为预见期长度;h_0、h_k、s_k 分别为 H_0、H_k、S_k 的实现值。根据贝叶斯公式,预见期 k 的实际流量 H_k 的后验密度函数为[1]

$$\phi_k\left(h_k\middle|h_0,s_k\right)=\frac{f_k\left(s_k\middle|h_0,h_k\right)\cdot g_k\left(h_k\middle|h_0\right)}{\int_{-\infty}^{+\infty}f_k\left(s_k\middle|h_0,h_k\right)\cdot g_k\left(h_k\middle|h_0\right)\mathrm{d}h_k} \qquad (6.3\text{-}1)$$

式中,$\phi_k\left(h_k\middle|h_0,s_k\right)$ 为 H_k 的后验密度函数;$g_k\left(h_k\middle|h_0\right)$ 为流量先验概率密度,代表了流量过程的先验不确定性;对于确定的 $S_k=s_k$,函数 $f_k\left(s_k\middle|h_0,h_k\right)$ 为 H_k 的似然函数,反映了预报模型的预报能力。

Copula 函数可以将多个随机变量的边缘分布连接起来构造联合分布。令 $Q(x_1,x_2,\cdots,x_n)$ 为一个 n 维分布函数,其边缘分布分别为 $F_1(x_1),F_2(x_2),\cdots,F_n(x_n)$。则存在一个 n-Copula 函数 C,使得对任意 $\boldsymbol{x}\in R^*$($\boldsymbol{x}$ 为 n 维向量,R^n 为 n 维实数空间)[3]:

$$Q(x_1,x_2,\cdots,x_n)=C_\theta\left(F_1(x_1),F_2(x_2),\cdots,F_n(x_n)\right) \qquad (6.3\text{-}2)$$

式中,θ 为 Copula 函数的结构参数。

由于 H_0、H_k、S_k 之间存在正相关关系,选用 Archimedean Copula 函数族中的 Gumbel-Hougaard(G-H)Copula 函数构造联合分布。采用均方根误差(RMSE)准则评价 Copula 函数的拟合情况,RMSE 值越小,拟合效果越好。

$$\mathrm{RMSE}=\sqrt{\frac{1}{n}\sum_{i=1}^{n}\left(P_{\mathrm{ei}}-P_{\mathrm{i}}\right)^2} \qquad (6.3\text{-}3)$$

式中,P_{ei} 和 P_{i} 分别为经验频率和理论频率;n 为资料系列长度。

6.3.2　先验分布

令 H_0、H_k 的边缘分布函数分别为 $u_1=F_{H_0}(h_0)$ 和 $u_2=F_{H_k}(h_k)$,相应的概率密度函数分别为 $f_{H_0}(h_0)$ 和 $f_{H_k}(h_k)$。借助 Copula 函数,H_0、H_k 的联合分布可表

示为

$$G_k(h_0, h_k) = C\big(F_{H_0}(h_0), F_{H_k}(h_k)\big) = C(u_1, u_2) \qquad （6.3-4）$$

先验概率分布给定 $H_0 = h_0$ 时，H_k 的条件分布函数表示为[3]

$$G(h_k|h_0) = P\big(H_k \leqslant h_k | H_0 = h_0\big) = P\big(U_2 \leqslant u_2 | U_1 = u_1\big) = \frac{\partial C(u_1, u_2)}{\partial u_1} \qquad （6.3-5）$$

先验密度函数：

$$g_k(h_k|h_0) = \frac{\mathrm{d}G_k(h_k|h_0)}{\mathrm{d}h_k} = \frac{\partial^2 C(u_1, u_2)}{\partial u_1 \partial u_2} \cdot \frac{\mathrm{d}u_2}{\mathrm{d}h_k} = c(u_1, u_2) \cdot f_{H_k}(h_k) \qquad （6.3-6）$$

式中，$c(u_1, u_2) = \dfrac{\partial^2 C(u_1, u_2)}{\partial u_1 \partial u_2}$ 为二维 Copula 函数的密度函数。式（6.3-6）即基于 Copula 函数推导的先验密度解析表达式。

6.3.3　似然函数

令 S_k 的边缘分布函数为 $u_3 = F_{S_k}(s_k)$，相应的概率密度函数为 $F_{S_k}(s_k)$。借助 Copula 函数，H_0、H_k、S_k 的联合分布可写为

$$F_k(h_0, h_k, s_k) = C\big(F_{H_0}(h_0), F_{H_k}(h_k), F_{S_k}(s_k)\big) = C(u_1, u_2, u_3) \qquad （6.3-7）$$

给定 $H_0 = h_0$、$H_k = h_k$ 时，S_k 的条件分布函数可表示为[3]

$$
\begin{aligned}
F_k(s_k|h_0, h_k) &= P\big(S_k \leqslant s_k | H_0 = h_0, H_k = h_k\big) \\
&= P\big(U_3 \leqslant u_3 | U_1 = u_1, U_2 = u_2\big) = \frac{\partial^2 C(u_1, u_2, u_3)/\partial u_1 \partial u_2}{c(u_1, u_2)}
\end{aligned}
\qquad （6.3-8）
$$

相应的密度函数：

$$
\begin{aligned}
f_k(s_k|h_0, h_k) &= \mathrm{d}F_k(s_k|h_0, h_k)\big/\mathrm{d}s_k \\
&= \frac{1}{c(u_1, u_2)} \cdot \frac{\partial^3 C(u_1, u_2, u_3)}{\partial u_1 \partial u_2 \partial u_3} \cdot \frac{\mathrm{d}u_3}{\mathrm{d}s_k} = \frac{c(u_1, u_2, u_3)}{c(u_1, u_2)} \cdot f_{S_k}(s_k)
\end{aligned}
\qquad （6.3-9）
$$

式中，$c(u_1, u_2, u_3) = \dfrac{\partial^3 C(u_1, u_2, u_3)}{\partial u_1 \partial u_2 \partial u_3}$ 为三维 Copula 函数的密度函数。从另一个角度

看，给定 $H_0 = h_0$ 、$S_k = s_k$ 时，式（6.3-9）即为似然函数的解析表达式，可以计算 H_k 的似然函数值。

6.3.4　后验分布

将式（6.3-6）和式（6.3-9）得到的先验密度和似然函数解析表达式代入式（6.3-1），可以得到后验概率密度的表达式：

$$\phi\left(h_k \middle| h_0, s_k\right) = \frac{c\left(u_1, u_2, u_3\right) \cdot f_{H_k}\left(h_k\right)}{\int_{-\infty}^{+\infty} c\left(u_1, u_2, u_3\right) \cdot f_{H_k}\left(h_k\right) \mathrm{d}h_k} \qquad （6.3\text{-}10）$$

由于无法直接计算式（6.3-10）中所需的归一化常数 $\int_{-\infty}^{+\infty} c\left(u_1, u_2, u_3\right) \cdot f_{H_k}\left(h_k\right) \mathrm{d}h_k$，可采用数值积分方法中的复化梯形求积法数值计算，具体步骤如下。

（1）利用实测流量 H_0、H_k 和预报流量 S_k 资料，估计边缘分布 $F_{H_0}(\cdot)$、$F_{H_k}(\cdot)$ 和 $F_{S_k}(\cdot)$，以及联合分布 $C\left(u_1, u_2\right)$ 和 $C\left(u_1, u_2, u_3\right)$ 的参数。

（2）考虑实际流量 H_k 概率分布的特点，确定 H_k 的取值区间 $[h_{k,\min}, h_{k,\max}]$，并将区间 $[h_{k,\min}, h_{k,\max}]$ 等间距离散为充分大的 n_k 等份，间距为 $\Delta h_k = \left(h_{k,\max} - h_{k,\min}\right)/n_k$，则 H_k 的第 i 个取值为

$$h_k(i) = h_{k,\min} + (i-1) \cdot \Delta h_k \qquad i = 1, 2, \cdots, n_k + 1 \qquad （6.3\text{-}11）$$

（3）根据已知 h_0、$h_k(i)$ 及 s_k，求出边缘分布函数 $u_1 = F_{H_0}(h_0)$、$u_2 = F_{H_k}[h_k(i)]$ 和 $u_3 = F_{S_k}(s_k)$，边缘密度函数 $f_{H_k}[h_k(i)]$ 和 $f_{s_k}(s_k)$，以及 Copula 函数的密度函数 $c\left(u_1, u_2\right)$ 和 $c\left(u_1, u_2, u_3\right)$。

（4）令 $e(i) = c\left(u_1, u_2, u_3\right) \cdot F_{H_k}[h_k(i)]$，利用复化梯形公式计算：

$$S(i) = \frac{1}{2}\left[e(1) + e(i) + 2\sum_{j=2}^{i-1} e(j)\right] \Delta h_k \qquad （6.3\text{-}12）$$

则归一化常数 $S = S(n_k + 1)$。

（5）由式（6.3-6）计算先验密度函数 $g_k[h_k(i) | h_0] = c\left(u_1, u_2\right) \cdot f_{H_k}\left(h_k(i)\right)$；式（6.3-9）计算似然函数 $f_k\left(s_k | h_0, h_k(i)\right) = c\left(u_1, u_2, u_3\right) \cdot f_{s_k}\left(s_k\right)/c\left(u_1, u_2\right)$；式（6.3-10）计算后验概率密度 $\phi_k\left(h_k(i) | h_0, s_k\right) = e(i)/S$ 及后验分布函数 $\Phi_k\left(h_k(i) | h_0, s_k\right) = S(i)/S$。

6.4　基于主成分分析的 HUP 模型

为推求预报量后验分布的解析解，传统 HUP 模型结合亚高斯模型，在正态空间中对先验分布式（6.1-19）和似然函数式（6.1-24）进行线性假设，并采用最小二乘法对相关参数进行估计。

然而，似然函数式（6.1-24）的自变量之间存在明确的线性关系，必然导致回归方程的多重共线性问题。若采用传统最小二乘法进行参数估计，会使得估计的回归系数不唯一，也使得回归方程不稳定（原始数据的极小变化可造成参数估计值和标准差的明显变化）。因此，可以结合主成分分析（PCA）技术对传统 HUP 模型进行改进，鉴于此，Yao 等[4]提出 PCA-HUP 模型。

6.4.1　主成分分析

主成分回归的基本思想是对原始回归变量进行主成分分析，将线性相关的自变量，转化为线性无关的新综合变量，采用新综合变量建立模型回归方程。设 $X = \left(X_1, \cdots, X_p \right)^{\mathrm{T}}$ 是 p 维随机向量，均值 $E(X) = \mu$，协方差阵 $D(X) = \Sigma$。考虑它的线性变换：

$$\begin{cases} Z_1 = a_1^{\mathrm{T}} X = a_{11} X_1 + a_{21} X_2 + \cdots + a_{p1} X_p \\ Z_2 = a_2^{\mathrm{T}} X = a_{12} X_1 + a_{22} X_2 + \cdots + a_{p2} X_p \\ \qquad\qquad\qquad\vdots \\ Z_p = a_p^{\mathrm{T}} X = a_{1p} X_1 + a_{2p} X_2 + \cdots + a_{pp} X_p \end{cases} \tag{6.4-1}$$

用矩阵表示为

$$Z = A^{\mathrm{T}} X = \begin{bmatrix} a_{11} & a_{21} & \cdots & a_{p1} \\ a_{12} & a_{22} & \cdots & a_{p2} \\ \vdots & \vdots & & \vdots \\ a_{1p} & a_{2p} & \cdots & a_{pp} \end{bmatrix} \cdot \begin{bmatrix} X_1 \\ X_2 \\ \vdots \\ X_p \end{bmatrix} = \begin{bmatrix} Z_1 \\ Z_2 \\ \vdots \\ Z_p \end{bmatrix} \tag{6.4-2}$$

由式（6.4-2）可以将 p 个 $X_1, X_2, \cdots, X_p$ 转化为 p 个新变量 $Z_1, Z_2, \cdots, Z_p$，若新变量 $Z_1, Z_2, \cdots, Z_p$ 满足下列条件：

（1）Z_i 和 Z_j 相互独立，$i \neq j$, $i, j = 1, 2, \cdots, p$；

（2）$\mathrm{var}\left(Z_1 \right) \geqslant \mathrm{var}\left(Z_2 \right) \geqslant \cdots \geqslant \mathrm{var}\left(Z_p \right)$；

（3）$a_i^{\mathrm{T}} a_j = 1$，即 $a_{i1}^2 + a_{i2}^2 + \cdots + a_{ip}^2 = 1, i = 1, 2, \cdots, p$。

则新变量 $Z_1, Z_2, \cdots, Z_p$ 为 $X_1, X_2, \cdots, X_p$ 的 p 个主成分，且 $Z_1, Z_2, \cdots, Z_p$ 线性无关。

实际问题中不同的变量经常具有不同的量纲，变量的量纲不同会使分析结果不合理，将变量进行标准化处理可避免这种不合理的影响。记 s_j 为 x_j 样本标准差，即 $s_j = \sqrt{\mathrm{var}(x_j)}$，$\overline{x}_j$ 是 x_j 的样本均值，即 $\overline{x}_j = \dfrac{1}{n} \sum_{i=1}^{n} x_{ij}$，原始数据的标准化变换为

$$X_{ij} = \frac{x_{ij} - \overline{x}_j}{s_j} \qquad j = 1, 2, \cdots, p \qquad (6.4\text{-}3)$$

标准化后的数据矩阵为

$$\boldsymbol{X} = \begin{bmatrix} X_{11} & X_{12} & \cdots & X_{1p} \\ X_{21} & X_{22} & \cdots & X_{2p} \\ \vdots & \vdots & & \vdots \\ X_{n1} & X_{n2} & \cdots & X_{np} \end{bmatrix} = \left(X_1, X_2, \cdots, X_p \right) \qquad (6.4\text{-}4)$$

标准化后，$\boldsymbol{X}$ 的相关系数矩阵也就是 $\boldsymbol{X}$ 的协方差矩阵（半正定矩阵）：

$$\boldsymbol{R} = \mathrm{cov}(\boldsymbol{X}) = \begin{bmatrix} r_{11} & r_{12} & \cdots & r_{1p} \\ r_{21} & r_{22} & \cdots & r_{2p} \\ \vdots & \vdots & & \vdots \\ r_{p1} & r_{p2} & \cdots & r_{pp} \end{bmatrix} = \begin{bmatrix} 1 & r_{12} & \cdots & r_{1p} \\ r_{21} & 1 & \cdots & r_{2p} \\ \vdots & \vdots & & \vdots \\ r_{p1} & r_{p2} & \cdots & 1 \end{bmatrix} \qquad (6.4\text{-}5)$$

其中，

$$r_{ij} = \frac{\sum_{k=1}^{n} \left(x_{ki} - \overline{x}_i \right) \left(x_{kj} - \overline{x}_j \right)}{\sqrt{\sum_{k=1}^{n} \left(x_{ki} - \overline{x}_i \right)^2 \sum_{k=1}^{n} \left(x_{kj} - \overline{x}_j \right)^2}} \qquad (6.4\text{-}6)$$

采用 Lagrange 乘子法求解，可以求得

$$\boldsymbol{R} = \begin{bmatrix} a_{11} & a_{12} & \cdots & a_{1p} \\ a_{21} & a_{22} & \cdots & a_{2p} \\ \vdots & \vdots & & \vdots \\ a_{p1} & a_{p2} & \cdots & a_{pp} \end{bmatrix} \cdot \begin{bmatrix} \lambda_1 & & & \\ & \lambda_2 & & \\ & & \ddots & \\ & & & \lambda_p \end{bmatrix} \cdot \begin{bmatrix} a_{11} & a_{21} & \cdots & a_{p1} \\ a_{12} & a_{22} & \cdots & a_{p2} \\ \vdots & \vdots & & \vdots \\ a_{1p} & a_{2p} & \cdots & a_{pp} \end{bmatrix} \qquad (6.4\text{-}7)$$

式中，$\lambda_1 \geqslant \lambda_2 \geqslant \cdots \geqslant \lambda_p \geqslant 0$ 为 R 的特征值；$a_1, a_2, \cdots, a_p$ 为相对应的单位正交特征向量，$a_p = [a_{1p}, a_{2p}, \cdots, a_{pp}]^{\mathrm{T}}$。

主成分回归分析可以得到 P 个主成分，这 P 个主成分之间互相独立，且方差呈递减趋势，所包含的自变量的信息也是递减的，即主成分对因变量的贡献率是递减的，第 i 个主成分 Z_i 的贡献率可以用 $\dfrac{\lambda_i}{\sum\limits_{i=1}^{p} \lambda_i}$ 来表示。

在分析实际问题时，由于主成分的贡献率是递减的，后面的主成分贡献率有时会非常小，一般不选取 P 个主成分，而是根据累计贡献率来确定主成分个数，即前 m 个主成分的累计贡献率达到 0.85 时，选取前 m 个主成分进行回归，则原始回归问题转化为以下回归问题：

$$y_t = b_0 + b_1 Z_{t1} + b_2 Z_{t2} + \cdots + b_m Z_{tm} + \varepsilon_t \qquad t = 1, 2, \cdots, n \qquad （6.4\text{-}8）$$

式中，$E(\varepsilon_t) = 0$；$\mathrm{var}(\varepsilon_t) = \sigma^2$；$\mathrm{cov}(\varepsilon_i, \varepsilon_i) = 0 (i \neq j)$。

回归模型的矩阵形式为

$$\boldsymbol{Y} = \boldsymbol{CB} + \varepsilon = \begin{bmatrix} 1 & Z_{11} & \cdots & Z_{1m} \\ 1 & Z_{21} & \cdots & Z_{2m} \\ \vdots & \vdots & & \vdots \\ 1 & Z_{n1} & \cdots & Z_{nm} \end{bmatrix} \cdot \begin{bmatrix} b_1 \\ b_2 \\ \vdots \\ b_n \end{bmatrix} + \begin{bmatrix} \varepsilon_1 \\ \varepsilon_2 \\ \vdots \\ \varepsilon_n \end{bmatrix} = \begin{bmatrix} y_1 \\ y_2 \\ \vdots \\ y_n \end{bmatrix} \qquad （6.4\text{-}9）$$

采用最小二乘法估计参数矩阵 B。

由此可见，主成分回归模型是对普通最小二乘估计的改进，首先选取主成分，克服自变量间的多重共线性，然后对所选的主成分进行线性回归，进而得到主成分回归方程。

6.4.2 转化空间中的模型

在正态转化空间中，采用式（6.1-19）的先验分布假定，并采用最小二乘法进行参数估计。

假定转化空间中的似然函数为

$$X_n = \alpha_n W_n + \beta_n W_0 + \nu_n + \Omega_n \qquad （6.4\text{-}10）$$

式中，α_n、β_n 和 ν_n 为参数，并采用主成分回归方法对其进行估计；Ω_n 为不依赖于 (W_n, W_0) 的残差序列，且服从正态分布 $N(0, \hat{\sigma}_n^2)$。

通过综合先验密度和似然函数，可以得到 W_n 的后验密度函数：

$$\varphi_{Q_n}\left(w_n \mid x_n, w_0\right)=\frac{1}{\hat{T}_n} q\left(\frac{w_n-\hat{A}_n x_n-\hat{D}_n w_0-\hat{B}_n}{\hat{T}_n}\right) \qquad （6.4\text{-}11）$$

式中，

$$\hat{A}_n=\frac{\alpha_n t_n^2}{\alpha_n^2 t_n^2+\hat{\sigma}_n^2} \qquad \hat{B}_n=\frac{-\alpha_n b_n t_n^2}{\alpha_n^2 t_n^2+\hat{\sigma}_n^2} \qquad （6.4\text{-}12）$$

$$\hat{D}_n=\frac{c^n \hat{\sigma}_n^2-\alpha_n \beta_n t_n^2}{\alpha_n^2 t_n^2+\hat{\sigma}_n^2} \qquad \hat{T}_n^2=\frac{t_n^2 \hat{\sigma}_n^2}{\alpha_n^2 t_n^2+\hat{\sigma}_n^2} \qquad （6.4\text{-}13）$$

6.4.3　原始空间中的模型

在预测流量 $S_n=s_n$ 和实测流量 $H_0=h_0$ 条件下，原始空间中实际流量 H_n 的亚高斯后验密度函数为

$$\phi\left(h_n \mid s_n, h_0\right)=\frac{\gamma\left(h_n\right)}{\hat{T}_n q\left(Q^{-1}\left(\Gamma\left(h_n\right)\right)\right)} q\left(\frac{Q^{-1}\left(\Gamma\left(h_n\right)\right)-\hat{A}_n Q^{-1}\left(\bar{\Lambda}_n\left(s_n\right)\right)-\hat{D}_n Q^{-1}\left(\Gamma\left(h_0\right)\right)-\hat{B}_n}{\hat{T}_n}\right)$$

$$（6.4\text{-}14）$$

相应的亚高斯后验分布函数为

$$\Phi_n\left(h_n \mid s_n, h_0\right)=Q\left(\frac{Q^{-1}\left(\Gamma\left(h_n\right)\right)-A_n Q^{-1}\left(\bar{\Lambda}_n\left(s_n\right)\right)-D_n Q^{-1}\left(\Gamma\left(h_0\right)\right)-B_n}{T_n}\right) \quad （6.4\text{-}15）$$

式中，各参数意义同式（6.4-12）和式（6.4-13）。

6.5　应　用　实　例

6.5.1　HUP 应用实例

以福建省南一流域为研究对象，采用 HUP 模型进行水文模拟不确定性分析[9]。南一水库位于福建省漳州市境内，属湿润地区，雨量充沛，壤中流与地下径流丰

富。采用三水源新安江模型模拟该流域的洪水过程，选用 1995~2000 年 10 场汛期次洪资料进行应用研究，计算时段为 1h。

1. 先验分布的参数估计

　　本例中选用对数韦布尔分布作为边缘分布，对实测流量过程 H_0 和新安江模型预报流量过程 S_1 进行拟合，韦布尔分布中的参数采用计算简便的矩法进行估计。

　　图 6.5-1 和图 6.5-2 分别绘出了实测流量过程 H_0 和新安江模型预报流量过程 S_1 的经验点分布及其对应的对数韦布尔分布。从图中可以看出，两组流量系列的经验点分布与相应参数的对数韦布尔分布的拟合效果都比较好，说明选用对数韦布尔分布是合理的。

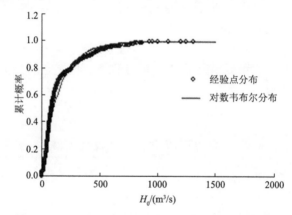

图 6.5-1　　H_0 的经验点分布与相应的对数韦布尔分布

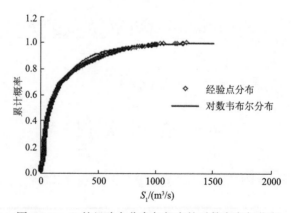

图 6.5-2　　S_1 的经验点分布与相应的对数韦布尔分布

2. 似然函数参数估计

对流量系列的先验分布进行正态分位数转化,得正态分位数系列 W_n 和 X_n。图 6.5-3 给出了残差与理论分布的拟合情况。总体来看,两者的拟合效果是比较好的,表明残差系列服从 $N(0,1-c^2)$ 的假定是合理的,因此,一阶马尔可夫过程的线性-正态关系的假定也是合理的。

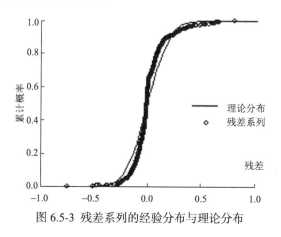

图 6.5-3 残差系列的经验分布与理论分布

对 W_n 和 X_n 进行二元线性回归,求得 a_n=1.0496,b_n=-0.0203,d_n=-0.1807,σ_n=0.405。图 6.5-4 给出残差系列 θ 与理论正态分布的拟合情况,图中拟合效果比较好,说明残差系列服从 $N(0,\sigma_n^2)$ 的假定是合理的,即 X_n、W_n、W_0 服从正态-线性关系的假定也是合理的。

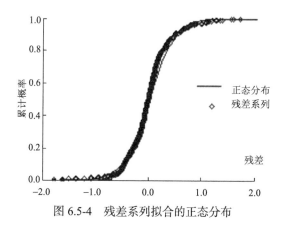

图 6.5-4 残差系列拟合的正态分布

3. 后验密度函数

将以上参数代入式(6.1-28)和式(6.1-29)得到转化空间中的后验密度,各

参数值分别为 A_n =0.2322, B_n =0.0047, D_n =0.7798, T_n =0.0363。最后代入式（6.1-37）中求得原始空间中的后验密度函数。

4. 结果分析

上述方法可求得各时刻流量的后验密度函数，由此提供概率预报，给出各分位点的估值，如给出均值作为常规的定值预报。

对 1995~2000 年汛期的 10 场次洪水做出概率预报，这里以 19960806 号洪水的概率预报结果为例。图 6.5-5 是 19960806 号次洪的洪峰流量后验密度图，由其累积分布可以获得各分位点的值。例如，后验密度函数的均值为 610 m^3/s，该值可作为洪峰的均值预报结果；90%置信水平区间预报为[585 m^3/s, 636 m^3/s]。

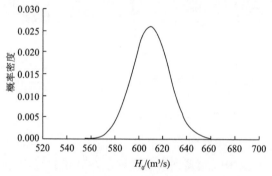

图 6.5-5　19960806 号洪峰流量的后验密度

表 6.5-1 为 19960806 号次洪洪峰流量的后验分布超过概率表，显示不同的超过累积概率下洪峰流量估计值。

表 6.5-1　19960806 号次洪洪峰流量的后验分布超过概率表

超过概率/%	1	2	5	10	20	50
流量/（m^3/s）	646	642	636	630	623	610

根据次洪过程中每个时段流量的后验分布，给出 19960806 号次洪过程的均值预报及 90%置信区间估计的结果。图 6.5-6 中显示了洪峰及其附近时段的预报结果及实测和新安江模型预报的流量过程。

将结合新安江模型的 BFS 均值预报结果分别与实测流量过程和新安江模型原始预报结果进行比较，由图 6.5-6 可以看出，均值预报结果的精度整体上高于新安江模型的预报精度，流量预报过程的确定性系数由 88.1%提高到了 98.8%，预报精度得到了明显的提高。

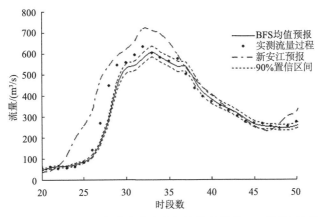

图 6.5-6 19960806 号次洪（洪峰段）均值预报及 90%置信区间预报

表 6.5-2 给出了各场洪水洪峰流量的新安江模型预报结果和结合新安江模型的 BFS 均值预报、90%置信区间估计的结果。

表 6.5-2 新安江模型与 BFS 均值预报结果统计表

洪号	实测洪峰/ (m³/s)	新安江模型				BFS				
		计算洪峰/ (m³/s)	相对误差/%	峰现时差/h	确定性系数/%	预报值/ (m³/s)	相对误差/%	峰现时差/h	确定性系数/%	90%的置信区间/ (m³/s)
19950801	1310	1270	−3	−1	84.2	1190	−9	1	96.6	[1150，1230]
19950812	312	316	1	−3	94.6	313	0	0	98.2	[298，330]
19960801	862	799	−7	−1	90.8	820	−5	1	97.4	[790，852]
19960806	634	683	8	0	88.1	609	−4	1	96.7	[585，636]
19970801	863	1019	18	4	87.5	815	−6	0	98.2	[784，846]
19980514	340	305	−10	−1	83.3	316	−7	1	93.8	[300，332]
19981024	136	130	−4	−4	87.9	139	2	1	97.3	[131，148]
19990920	356	431	21	−2	53.6	365	3	0	95.1	[348，383]
20000619	435	503	16	1	80.1	465	7	1	96.5	[445，487]
20000830	526	542	3	−1	89.6	491	−7	1	93.1	[470，514]
绝对值平均		9	1.8	84.0		5	0.7	96.3		

从表 6.5-2 的结果可以看出，经过 BFS 处理后预报结果的精度要高于新安江模型原始的预报结果，主要表现为峰现时差绝对值的平均值由 1.8h 缩短为 0.7h，相对误差绝对值的平均值由 9%减小到 5%，确定性系数的平均值由 84.0%提高到了 96.3%。

　　另外，分析各时刻的后验概率分布，统计各时刻流量后验分布的离势系数 C_v，发现 C_v 随着流量的增大呈现一定的递减关系，如图 6.5-7 所示。

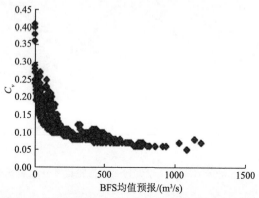

图 6.5-7　C_v 与流量（BFS 均值预报结果）相关关系

　　可以看出，流量小于 300 m³/s 时，C_v 递减的速度比较快，而当流量大于 300 m³/s 时，C_v 开始逐渐稳定，且流量越大，C_v 的值越稳定。该算例表明，采用新安江模型结合 BFS 进行概率预报，对较大流量的预报具有较小的不确定性，而对较小流量具有相对较大的不确定性。这对洪峰的概率预报是有利的。

6.5.2　PCA-HUP 应用实例

　　以淮河干流王家坝断面为研究对象，新安江模型为确定性预报模型，在此基础上，采用 PCA-HUP 模型开展洪水概率预报[4]。

　　选用 1990～2013 年共 24 年的资料进行日模型计算，采用其间的 28 场洪水资料进行次洪模型计算。在此基础上，将新安江模型的预报结果与实测资料输入 PCA-HUP 模型中，其中 20 场洪水用于参数率定，8 场洪水用于洪水概率预报验证。模型相关参数见表 6.5-3。以置信度为 90%（也可采用其他置信度值）的预报区间为例，对概率预报结果进行评估，同时，对流量分布函数的中位数 Q_{50} 进行分位数评价，率定期模型的模拟精度见表 6.5-4（Δt=2h）。

表 6.5-3　PCA-HUP 模型参数

Δt	A_n	B_n	D_n	T_n
2h	0.0169	0.00000	0.9826	0.0022
4h	0.0539	0.00000	0.9442	0.0070
6h	0.1150	0.00001	0.8808	0.0147
8h	0.1977	0.00002	0.7947	0.0252
10h	0.2738	0.00001	0.7151	0.0356
12h	0.3643	0.00006	0.6200	0.0470

表 6.5-4　PCA-HUP 模型率定期模拟精度统计表（Δt=2h）

洪号	置信度 90%的预报区间	覆盖率 CR/%	离散度 DI	实测洪峰/（m³/s）	Q_{50}洪峰预报/（m³/s）	Q_{50}洪峰误差/%	Q_{50}确定性系数
19910524	[2550, 2900]	95.77	0.14	2730	2720	−0.40	0.99
19910612	[5940, 6660]	88.76	0.13	6280	6290	0.22	0.99
19910629	[5040, 5670]	91.03	0.13	5340	5350	0.19	0.99
19910804	[4130, 4660]	92.71	0.14	4390	4390	0.04	0.99
19910902	[1040, 1200]	94.7	0.15	1120	1120	0.05	0.99
19921003	[721, 835]	91.88	0.14	778	776	−0.25	0.99
19940608	[1050, 1210]	90.76	0.15	1130	1130	−0.33	0.99
19961031	[4330, 4880]	95.09	0.14	4610	4600	−0.32	0.99
19980630	[4110, 4640]	92.98	0.14	4370	4370	−0.09	0.99
19980801	[3560, 4030]	96.96	0.13	3790	3790	−0.10	0.99
20020506	[1060, 1220]	79.75	0.15	1140	1140	−0.38	0.99
20030719	[4280, 4820]	91.26	0.13	4540	4540	0.04	0.99
20031005	[2470, 2810]	100	0.14	2640	2640	−0.14	0.99
20040717	[2070, 2360]	90.34	0.14	2220	2210	−0.34	0.99
20050513	[1390, 1600]	93.91	0.15	1500	1490	−0.42	0.99
20050625	[1500, 1720]	83.56	0.14	1610	1600	−0.37	0.99
20060722	[1660, 1900]	99.01	0.15	1780	1770	−0.34	0.99
20090828	[2100, 2390]	88.67	0.15	2250	2240	−0.35	0.99
20100709	[4080, 4600]	97.02	0.14	4350	4340	−0.34	0.99
20120907	[1870, 2140]	85.62	0.14	2000	2000	0.08	0.99

　　由表 6.5-4 可知，PCA-HUP 模型率定期模拟结果：预报区间（置信度为 90%）覆盖率较高，且离散度在 0.2 以内。此外，将每一时刻预报量概率分布的中位数预报与实测流量进行比较，确定性系数接近于 1，洪峰误差绝对值在 1%以内，说明中位数预报的精度非常高，且从不同预见期的模拟过程线中可以看出，随着预见期的逐渐增大，区间离散度呈现出递增的趋势。

　　对验证期 8 场洪水进行概率预报，推求预报流量的概率分布，预报精度统计见表 6.5-5（Δt=2h），限于篇幅，预报流量过程线以其中两场为例，预报流量过程线如图 6.5-8 和图 6.5-9 所示。

表 6.5-5　PCA-HUP 模型验证期概率预报精度统计表（Δt=2h）

洪号	置信度90%的预报区间	覆盖率 CR/%	离散度 DI	实测洪峰/（m³/s）	Q_{50}洪峰预报/（m³/s）	Q_{50}洪峰误差/%	Q_{50}确定性系数
19920505	[997，1150]	88.39	0.15	1070	1070	0.10	0.99
19950707	[2440，2780]	87.68	0.14	2610	2610	−0.09	0.99
19980509	[2540，2890]	90.95	0.14	2720	2710	−0.40	0.99
19990622	[510，593]	97.95	0.14	548	550	0.38	0.99
20050707	[5950,6680]	96.25	0.14	6310	6310	−0.07	0.99
20050821	[4670,5260]	89.6	0.13	4960	4950	−0.13	0.99
20080722	[3980,4490]	94.31	0.14	4240	4230	−0.29	0.99
20100904	[661，767]	99.3	0.15	712	712	0.00	0.99

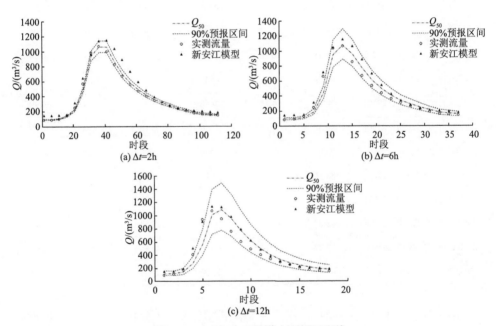

图 6.5-8　19920505 号洪水预报过程线

由表 6.5-5 和两场洪水概率预报过程线可知，PCA-HUP 模型（以新安江模型为确定性预报模型）提供的概率预报结果：预报区间（置信度为 90%）覆盖率在87%以上，且离散度在 0.2 以内，说明在相对较小的区间宽度内，预报区间仍然能够覆盖绝大多数实测数据，概率预报精度较高。此外，将每一时刻预报量概率分布的中位数预报与实测流量进行比较，确定性系数接近于 1，洪峰误差绝对值在

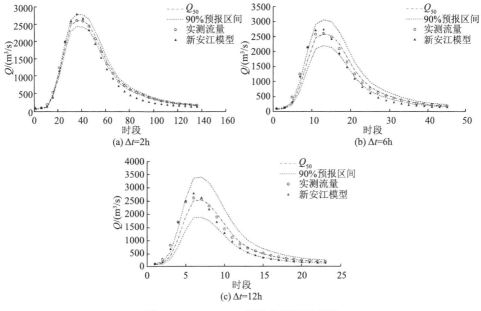

图 6.5-9　19950707 号洪水预报过程线

1%以内，说明中位数预报的精度非常高，明显高于新安江模型预报结果，充分体现了贝叶斯修正原理。从不同预见期的预报过程线中可以看出，随着预见期的逐渐增大，区间宽度呈现出递增的趋势。

参 考 文 献

[1] Krzysztofowicz R, Kelly K S. Hydrologic uncertainty processor for probabilistic river stage forecasting. Water Resources Research, 2001, 36(11): 3265-3277.

[2] 李向阳，程春田，林剑艺. 基于 BP 神经网络的贝叶斯概率水文预报模型. 水利学报，2006(3): 354-359.

[3] 刘章君，郭生练，李天元，等. 贝叶斯概率洪水预报模型及其比较应用研究. 水利学报，2014，45(9): 1019-1028.

[4] Yao Yi, Liang Zhongmin, Zhao Weimin, et al. Performance assessment of hydrologic uncertainty processor through intergration of the principal components analysis. Journal of Water and Climate Change, 2019, 10(2): 373-390.

[5] 王军，梁忠民，胡义明. BFS 在洪水预报中的应用与改进. 河海大学学报(自然科学版)，2012(1): 52-58.

[6] 蒋晓蕾，梁忠民，王春青，等. BFS-HUP 模型在潼关站洪水概率预报中的应用. 人民黄河，2015(7): 13-15.

[7] Krzysztofowicz R. Transformation and normalization of variates with specified distributions. Journal of Hydrology, 1997, 197(1): 286-292.

[8] Maranzano C J, Krzysztofowicz R. Identification of likelihood and prior dependence structures for hydrologic uncertainty processor. Journal of Hydrology, 2004, 290(1-2): 1-21.

[9] 张宇, 梁忠民. BFS 在洪水预报中的应用研究. 水电能源科学, 2009(5): 44-47.

第7章　模型条件处理器

除 HUP 模型外，Todini[1]于 2008 年提出的模型条件处理器（model conditional processor，MCP）也是误差分析途径的典型代表。在一定种程度上，MCP 模型是 HUP 模型的改进：相比于 HUP 模型，MCP 模型避免了正态空间的线性假设。同时，MCP 模型可以考虑多个确定性预报模型的预报不确定性，弥补了 HUP 在多模型应用方面的局限。此外，MCP 模型考虑了预报误差的异方差性，理论上可更好地描述预报的不确定性。

7.1　模型原理及分类

MCP 是一种贝叶斯方法，用以评估预测不确定性。该处理器采用正态分位数转换技术，在正态分布中基于预报量的联合分布，以历史序列及模型预报为条件，推求预测量的分布函数[1,2]。

7.1.1　模型原理

将预报量的观测值 y 和模型预测值 $\hat{y}$ 通过正态分位数转换到它们的转换值，分别为 η 和 $\hat{\eta}$，则 η 和 $\hat{\eta}$ 服从标准正态分布。由于正态空间中变量的概率等于其原始空间的概率，则变量的原始空间取值和转换值之间存在以下关系：

$$P\left(y < y_i\right) = \frac{i}{n+1} = P\left(\eta < \eta_i\right) \qquad i = 1,\cdots,n \qquad （7.1\text{-}1）$$

式中，n 为历史数据的数量；i 为变量的排位顺序。

假设正态空间中 η 和 $\hat{\eta}$ 的联合分布为二元正态分布 $f(\eta,\hat{\eta})$，其均值、方差如下：

$$\boldsymbol{\mu}_{\eta,\hat{\eta}} = \begin{bmatrix} 0 \\ 0 \end{bmatrix} \qquad （7.1\text{-}2）$$

$$\boldsymbol{\Sigma}_{\eta,\hat{\eta}} = \begin{bmatrix} 1 & \sigma_{\eta\hat{\eta}} \\ \sigma_{\eta\hat{\eta}} & 1 \end{bmatrix} \qquad （7.1\text{-}3）$$

由于 η 和 $\hat{\eta}$ 均服从标准正态分布，它们的协方差等于相关系数，其方差可表示为

$$\boldsymbol{\Sigma}_{\eta,\hat{\eta}} = \begin{bmatrix} 1 & \rho_{\eta\hat{\eta}} \\ \rho_{\eta\hat{\eta}} & 1 \end{bmatrix} \tag{7.1-4}$$

预测不确定性一般定义为以模型预测值为条件的预报量的条件分布，在已知变量联合分布和边缘分布时，通过计算联合分布与边缘分布的比值，就可以推得预测不确定性，即预报量的条件概率分布：

$$f(\eta/\hat{\eta}) = \frac{f(\eta,\hat{\eta})}{f(\hat{\eta})} = \frac{\left[2\pi \left| \begin{matrix} 1 & \rho_{\eta\hat{\eta}} \\ \rho_{\eta\hat{\eta}} & 1 \end{matrix} \right| \right]^{\frac{1}{2}} \exp\left(-\frac{1}{2}[\eta \quad \hat{\eta}] \begin{bmatrix} 1 & \rho_{\eta\hat{\eta}} \\ \rho_{\eta\hat{\eta}} & 1 \end{bmatrix}^{-1} \begin{bmatrix} \eta \\ \hat{\eta} \end{bmatrix} \right)}{[2\pi]^{\frac{1}{2}} \exp\left(-\frac{1}{2}\hat{\eta}^2 \right)} \tag{7.1-5}$$

由此可知，在正态空间中，预测不确定性可采用如下均值和方差的正态分布表示：

$$\begin{aligned} \mu_{\eta|\hat{\eta}} &= \rho_{\eta\hat{\eta}} \cdot \hat{\eta} \\ \sigma^2_{\eta|\hat{\eta}} &= 1 - \rho_{\eta\hat{\eta}}{}^2 \end{aligned} \tag{7.1-6}$$

为了推求 $f(y|\hat{y})$，在求得预报量的条件概率后，需要进行正态分位数逆转换，将正态空间的变量转换到原始空间。为了转换方便，在正态空间中，以预报量观测的转换值为因变量进行分位点回归，得到相关分位点回归线，再通过逆转换过程将分位点回归线转化到原始空间中，以实现不同预报值条件下预报量分布函数的估计。由于正态分位数逆转换是一种高度非线性转换过程，因此，两个空间的分位数并不一一对应，尤其是正态空间中的均值，转换至原始空间后并不是分布的均值，而是中位数值（50%）。

7.1.2 尾部分布模型

由于 MCP 在历史数据分析的基础上推求预报量的条件概率分布，当预报量的取值大于历史数据最大值或小于历史数据最小值时，即排位概率大于 $\dfrac{n}{n+1}$ 或小于 $\dfrac{1}{n+1}$ 时，MCP 便丧失了预报能力，为此，在计算排位概率时引入尾部分布模型对这两种情况分别进行单独分析。Todini[1]分别采用了广义极值分布、三参数对

数正态分布、帕累托分布、指数分布作为尾部分布模型进行拟合效果测试。相关研究建议,上尾部与下尾部采用不同形式的尾部分布拟合,效果较好。

下尾部:

$$p(y) = p_{inf} \cdot \left[\frac{y}{y(p_{inf})} \right]^a \qquad (7.1-7)$$

上尾部:

$$p(y) = 1 - (1 - p_{sup}) \cdot \left[\frac{y_{max} - y}{y_{max} - y(p_{sup})} \right]^b \qquad (7.1-8)$$

式中,p_{inf} 和 p_{sup} 为下方和上方的概率界限值;$y(p_{inf})$ 和 $y(p_{sup})$ 为 y 变量的概率界限值;y_{max} 为概率等于 1 的最大观测值,并且假定它为实测最大值的 2 倍;a 和 b 为被估计的参数,分别利用小于 $y(p_{inf})$ 或者大于 $y(p_{sup})$ 的所有数据通过最小二乘法进行估算。关于较低的尾部,假定变量为 0 时概率为 0(在处理水位问题时,取值需要参考河床水位)。为了计算简便,将式(7.1-7)式(7.1-8)进行线性化,则式(7.1-7)和式(7.1-8)可表示为

$$\ln \left[\frac{p(y)}{p_{inf}} \right] = a \cdot \ln \left[\frac{y}{y(p_{inf})} \right] \qquad (7.1-9)$$

$$\ln \left[\frac{p(y)}{1 - (1 - p_{sup})} \right] = b \cdot \ln \left[\frac{y_{max} - y}{y_{max} - y(p_{sup})} \right] \qquad (7.1-10)$$

则可求得参数 a 和 b 为

$$a = \frac{\sum_i \left\{ \ln \left[\frac{p(y_i)}{p_{inf}} \right] \cdot \ln \left[\frac{y_i}{y(p_{inf})} \right] \right\}}{\sum_i \left\{ \ln \left[\frac{y_i}{y(p_{inf})} \right] \right\}^2} \qquad (7.1-11)$$

$$b = \frac{\sum_i \left\{ \ln \left[\frac{p(y_i)}{1 - (1 - p_{sup})} \right] \cdot \ln \left[\frac{y_{max} - y_i}{y_{max} - y(p_{sup})} \right] \right\}}{\sum_i \left\{ \ln \left[\frac{y_{max} - y_i}{y_{max} - y(p_{sup})} \right] \right\}^2} \qquad (7.1-12)$$

由此,可以求得式(7.1-7)和式(7.1-8),即预报量的尾部分布模型。

7.1.3　多模型的 MCP

通常情况下，一场洪水会由多个或者一系列模型来进行预报，决策者可综合应用这些预报结果做出决策，然而这些预报结果往往会存在明显的差异，为预报结果的综合带来挑战。实际上，很难找到一个模型一定较另一个模型预报效果更好，也很难找到一组模型权重使得模型综合提供的预报效果最为合理。为此，MCP 通过将二元正态推广到多元正态的方法，为多模型综合不确定性的估计提供了可能[1]。

假定预报量的实测与预报多元空间由 $M+1$ 个变量组成，包括实测流量（或水位）y 和 M 个预测值 $\hat{y}_k$，$k=1,\cdots,M$。利用正态分位数转换，把所有变量转换到多元正态空间中，转换值为 η 和 $\hat{\eta}_k$，$k=1,\cdots,M$，则所有变量在正态空间里均服从标准正态分布。

将预测不确定性定义为以 M 个模型预报值为条件的预报量的条件概率分布，记为 $(y\,|\,\hat{y}_1,\cdots,\hat{y}_M)$，简便起见，将原始空间和转换空间的预测不确定性分别记为 $f(y\,|\,\hat{y}_k)$ 和 $f(\eta\,|\,\hat{\eta}_k)$。

多元变量的联合分布是一个多元正态分布，其均值、方差可以表示如下：

$$\mu_{\eta,\hat{\eta}_k}=\begin{bmatrix}0\\\vdots\\0\end{bmatrix} \tag{7.1-13}$$

$$\boldsymbol{\Sigma}_{\eta,\hat{\eta}_k}=\begin{bmatrix}1 & \sigma_{\eta\hat{\eta}_1} & \cdots & & \sigma_{\eta\hat{\eta}_M}\\\sigma_{\hat{\eta}_1\eta} & & & & \vdots\\\vdots & & \ddots & & \sigma_{\eta\hat{\eta}_{M-1}}\\\sigma_{\hat{\eta}_M\eta} & \cdots & & \sigma_{\hat{\eta}_{M-1}\eta} & 1\end{bmatrix} \tag{7.1-14}$$

此外，由于所有变量都服从标准正态分布，所有的协方差等于它们的相关系数。式（7.1-14）可进一步写成互相关矩阵：

$$\boldsymbol{\Sigma}_{\eta,\hat{\eta}_k}=\begin{bmatrix}1 & \rho_{\eta\hat{\eta}_1} & \rho_{\eta\hat{\eta}_2} & \cdots & & \rho_{\eta\hat{\eta}_M}\\\rho_{\hat{\eta}_1\eta} & 1 & \rho_{\hat{\eta}_1\hat{\eta}_2} & & & \rho_{\hat{\eta}_1\hat{\eta}_M}\\\rho_{\hat{\eta}_2\eta} & \rho_{\hat{\eta}_2\hat{\eta}_1} & \vdots & \ddots & & \vdots\\\vdots & \vdots & & & & \rho_{\hat{\eta}_{M-1}\hat{\eta}_M}\\\rho_{\hat{\eta}_M\eta} & \rho_{\hat{\eta}_M\hat{\eta}_1} & \cdots & & \rho_{\hat{\eta}_M\hat{\eta}_{M-1}} & 1\end{bmatrix} \tag{7.1-15}$$

若对相关变量的协方差进行如下定义：

$$\begin{cases} \boldsymbol{\Sigma}_{\eta\eta}=1 \\[2mm] \boldsymbol{\Sigma}_{\eta\hat{\eta}}=\begin{bmatrix} \rho_{\eta\hat{\eta}_1} \rho_{\eta\hat{\eta}_2} \cdots \rho_{\eta\hat{\eta}_M} \end{bmatrix} \\[4mm] \boldsymbol{\Sigma}_{\eta,\hat{\eta}_k}=\begin{bmatrix} 1 & \rho_{\hat{\eta}_1\hat{\eta}_2} & \cdots & & \rho_{\hat{\eta}_1\hat{\eta}_M} \\ \rho_{\hat{\eta}_2\hat{\eta}_1} & & & & \vdots \\ \vdots & \vdots & \ddots & & \rho_{\hat{\eta}_{M-1}\hat{\eta}_M} \\ \rho_{\hat{\eta}_M\hat{\eta}_1} & \cdots & & \rho_{\hat{\eta}_M\hat{\eta}_{M-1}} & 1 \end{bmatrix} \end{cases} \tag{7.1-16}$$

互相关矩阵可以写成：

$$\boldsymbol{\Sigma}_{\eta,\hat{\eta}_k}=\begin{bmatrix} \boldsymbol{\Sigma}_{\eta\eta} & \boldsymbol{\Sigma}_{\eta\hat{\eta}} \\ \boldsymbol{\Sigma}_{\eta\hat{\eta}}^{\mathrm{T}} & \boldsymbol{\Sigma}_{\hat{\eta}\hat{\eta}} \end{bmatrix} \tag{7.1-17}$$

预测不确定性可以表示成：

$$f\left(\eta\,|\,\hat{\eta}_k\right)=\frac{f\left(\eta,\hat{\eta}_1,\cdots,\hat{\eta}_M\right)}{f\left(\hat{\eta}_1,\cdots,\hat{\eta}_M\right)} \tag{7.1-18}$$

通过历史数据可以估算式（7.1-18），进而基于式（7.1-17）推求正态分布，如下：

$$\mu_{\eta|\hat{\eta}_k,\hat{\eta}_k^*}=\boldsymbol{\Sigma}_{\eta\hat{\eta}}\cdot\boldsymbol{\Sigma}_{\hat{\eta}\hat{\eta}}^{-1}\cdot\begin{bmatrix} \hat{\eta}_1^* \\ \vdots \\ \hat{\eta}_M^* \end{bmatrix} \tag{7.1-19}$$

$$\sigma^2_{\eta|\hat{\eta}_k,\hat{\eta}_k^*}=1-\boldsymbol{\Sigma}_{\eta\hat{\eta}}\boldsymbol{\Sigma}_{\hat{\eta}\hat{\eta}}^{-1}\boldsymbol{\Sigma}_{\eta\hat{\eta}}^{\mathrm{T}}$$

式（7.1-19）与式（7.1-6）本质上是一样的，由此可知，多模型条件下和单模型条件下推求预测不确定性，其本质上是一样的。

7.1.4　多时段的 MCP

在多模型预报基础上，考虑 M 个预报模型提供 T 个预测时段的情况，进一步对 MCP 进行延展。此时，正态多元空间由 $T\cdot(M+1)$ 个变量构成，也就是观测值 $\eta_i, i=1,\cdots,T$，每个 T 时段里有 M 个模型的预测值 $\hat{\eta}_{i,k}, k=1,2,\cdots,M$。由于多时段预报量的观测值与时段数一致，因此，预测不确定性在正态空间中可以表示为多元正态分布，由 T 个变量组成：$f(\eta_1,\cdots,\eta_T\,|\,\hat{\eta}_{1,1},\cdots,\hat{\eta}_{T,M})$，简写为 $f(\eta_i\,|\,\hat{\eta}_{i,k})$。实测值和预测值的联合分布是一个有 $T\cdot(M+1)$ 个变量的正态分布，其均值和方差如下，其中，协方差用相关系数来代替：

$$\boldsymbol{\mu}_{\eta_i,\hat{\eta}_{i,k}} = \begin{bmatrix} 0 \\ \vdots \\ 0 \end{bmatrix} \tag{7.1-20}$$

$$\boldsymbol{\Sigma}_{\eta,\hat{\eta}_k} = \begin{bmatrix} 1 & \cdots & \rho_{\eta_1,\eta_T} & \rho_{\eta_1,\hat{\eta}_{1,1}} & \cdots & \rho_{\eta_1,\hat{\eta}_{T,M}} \\ \vdots & \ddots & \vdots & \vdots & \ddots & \vdots \\ \rho_{\eta_T\eta_1} & \cdots & 1 & \rho_{\eta_T,\hat{\eta}_{1,1}} & \cdots & \rho_{\eta_T,\hat{\eta}_{T,M}} \\ \rho_{\hat{\eta}_{1,1},\eta_1} & & \rho_{\hat{\eta}_{1,1},\eta_M} & 1 & & \rho_{\hat{\eta}_{1,1},\hat{\eta}_{T,M}} \\ \vdots & \ddots & \vdots & \vdots & \ddots & \vdots \\ \rho_{\hat{\eta}_{T,M},\eta_1} & \cdots & \rho_{\hat{\eta}_{T,M},\eta_T} & \rho_{\hat{\eta}_{T,M},\hat{\eta}_{1,1}} & \cdots & 1 \end{bmatrix} \tag{7.1-21}$$

这种情况下，互相关矩阵的组成部分可表示为

$$\begin{cases} \boldsymbol{\Sigma}_{\eta\eta} = \begin{bmatrix} 1 & \rho_{\eta_1,\eta_2} & \cdots & \rho_{\eta_1,\eta_{T-1}} & \rho_{\eta_1,\eta_T} \\ \rho_{\eta_2,\eta_1} & & & & \vdots \\ \vdots & \vdots & \ddots & & \rho_{\eta_{T-1},\eta_T} \\ & & & & \vdots \\ \rho_{\eta_T,\eta_1} & \rho_{\eta_T,\eta_2} & \cdots & \rho_{\eta_T,\eta_{T-1}} & 1 \end{bmatrix} \\[3em] \boldsymbol{\Sigma}_{\eta\hat{\eta}} = \begin{bmatrix} \rho_{\eta_1,\hat{\eta}_{1,1}} & \rho_{\eta_1,\hat{\eta}_{1,2}} & \cdots & \rho_{\eta_1,\hat{\eta}_{T,M-1}} & \rho_{\eta_1,\hat{\eta}_{T,M}} \\ \rho_{\eta_2,\hat{\eta}_{1,1}} & & & & \rho_{\eta_2,\hat{\eta}_{T,M}} \\ \vdots & \vdots & \ddots & & \vdots \\ \rho_{\eta_{T-1},\hat{\eta}_{1,1}} & & & & \rho_{\eta_{T-1},\hat{\eta}_{T,M}} \\ \rho_{\eta_T,\hat{\eta}_{1,1}} & \rho_{\eta_T,\hat{\eta}_{1,2}} & \cdots & \rho_{\eta_T,\hat{\eta}_{T,M-1}} & \rho_{\eta_T,\hat{\eta}_{T,M}} \end{bmatrix} \\[3em] \boldsymbol{\Sigma}_{\hat{\eta}\hat{\eta}} = \begin{bmatrix} 1 & \rho_{\hat{\eta}_{1,1},\hat{\eta}_{1,2}} & \cdots & \rho_{\hat{\eta}_{1,1},\hat{\eta}_{T,M-1}} & \rho_{\hat{\eta}_{1,1},\hat{\eta}_{T,M}} \\ \rho_{\hat{\eta}_{1,2},\hat{\eta}_{1,1}} & & & & \rho_{\hat{\eta}_{1,2},\hat{\eta}_{T,M}} \\ \vdots & \vdots & \ddots & & \vdots \\ \rho_{\hat{\eta}_{T,M-1},\hat{\eta}_{1,1}} & & & & \rho_{\hat{\eta}_{T,N-1},\hat{\eta}_{T,M}} \\ \rho_{\hat{\eta}_{T,M},\hat{\eta}_{1,1}} & \rho_{\hat{\eta}_{T,N},\hat{\eta}_{1,2}} & \cdots & \rho_{\hat{\eta}_{T,M},\hat{\eta}_{1,M-1}} & 1 \end{bmatrix} \end{cases} \tag{7.1-22}$$

将式（7.1-22）代入式（7.1-21），相关矩阵可写为

$$\boldsymbol{\Sigma}_{\eta,\hat{\eta}_{i,k}} = \begin{bmatrix} \boldsymbol{\Sigma}_{\eta\eta} & \boldsymbol{\Sigma}_{\eta\hat{\eta}} \\ \boldsymbol{\Sigma}_{\eta\hat{\eta}}^{\mathrm{T}} & \boldsymbol{\Sigma}_{\hat{\eta}\hat{\eta}} \end{bmatrix} \tag{7.1-23}$$

因此，预测不确定性可以表示为

$$f\left(\eta_i \mid \hat{\eta}_{i,k}\right) = \frac{f\left(\eta_1, \cdots, \eta_T, \hat{\eta}_{1,1}, \cdots, \hat{\eta}_{T,M}\right)}{f\left(\hat{\eta}_{1,1}, \cdots, \hat{\eta}_{T,M}\right)} \tag{7.1-24}$$

由历史数据可以估算式（7.1-24），进而可推求预报量条件分布的均值和方差：

$$\boldsymbol{\mu}_{\eta_i \mid \hat{\eta}_{i,k}, \hat{\eta}_{i,k}^*} = \boldsymbol{\Sigma}_{\eta\hat{\eta}} \cdot \boldsymbol{\Sigma}_{\hat{\eta}\hat{\eta}}^{-1} \cdot \begin{bmatrix} \hat{\eta}_{1,1}^* \\ \vdots \\ \hat{\eta}_{T,M}^* \end{bmatrix} \tag{7.1-25}$$

$$\boldsymbol{\Sigma}_{\eta_i \mid \hat{\eta}_{i,k}, \hat{\eta}_{i,k}^*} = \boldsymbol{\Sigma}_{\eta\eta} - \boldsymbol{\Sigma}_{\eta\hat{\eta}} \boldsymbol{\Sigma}_{\hat{\eta}\hat{\eta}}^{-1} \boldsymbol{\Sigma}_{\eta\hat{\eta}}^{\mathrm{T}}$$

此时，预测不确定性为 T 个时段预报量的联合条件概率分布，在预见期 $t = 1, \cdots, T$ 内超过最大水位 H 的概率和超出时段 t 的概率均可由这个分布计算求得。要计算 t（$\forall t = 1, \cdots, T$）时段内的超过概率，可以采用以下公式：

$$P\left(\eta_t > \eta_H \mid \hat{\eta}_{t,k}, \hat{\eta}_{t,k}^*\right) = 1 - \int_{-\infty}^{\eta_H} \cdots \int_{-\infty}^{\eta_H} f\left(\eta_i \mid \hat{\eta}_{i,k}, \hat{\eta}_{i,k}^*\right) \mathrm{d}\eta_1 \cdots \mathrm{d}\eta_t \tag{7.1-26}$$

最简单的情况是一个模型，两个时段长，通过式（7.1-26）计算的面积如图 7.1-1 所示。A 区域代表第一时段超出最大值的总概率，C 区域代表第二时段的，B 区域代表两个时段的。

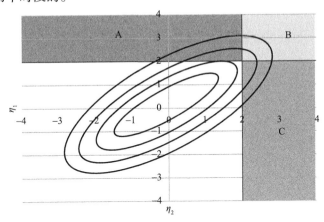

图 7.1-1　两个时段预测的不确定性示意图

式（7.1-26）求得的是一种表示累计概率的时间函数，后面简写为 $P_H(t)$。可以推得

$$P_H(t) \leqslant P_H(T) \qquad \forall t < T \tag{7.1-27}$$

由于超过时间概率 t^* 与累计概率的导数成比例，因此，可以通过边缘化 $P_H(t)$ 的导函数求得

$$f(t^*) \propto \frac{\Delta P_H(t)}{\Delta t} \tag{7.1-28}$$

7.2　分段的模型条件处理器

由于水文预报误差的异方差性，在分析不同量级预报量的预测不确定性时，其方差计算公式应该有所区别。当预报误差不具有异方差性时，在正态空间中进行分位数回归，可以推求预报量不同量级的分位数。然而，当预报误差具有异方差性时，传统的分位数回归显然无法展现不同量级的方差的差异。例如，如图 7.2-1 所示，在分位数较高区域，数据点相对集中，方差较小；而分位数较低区域，数据点相对离散，方差较大。因此，为了更好地拟合数据点的分布，Coccia 和 Todini[3] 提出将模型条件处理器框架中的整个正态区域分为两个（或更多）子领域，采用分段正态分布（truncated normal joint distributions，TNDs）进行分段分位数回归[4]。也就是说，模型条件处理器中整个正态域可以分为两个或者更多的子域，分别在各个子域中进行分位数回归。在这种情况下，模型条件处理器在正态空间的联合分布不是唯一的，而是分为两个（或更多）的 TNDs。

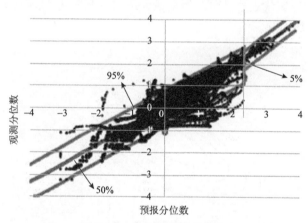

图 7.2-1　截断的分段正态分布

图 7.2-1 所示的是用两个分段正态分布的例子[5]。中间的斜线代表中位数值，而两侧的斜线代表 5% 和 95% 的分位数回归线。垂直线条代表区分两个 TNDs 的临界值。这两个 TNDs 不是直接确定的，而是由预测模型数估计的。

7.2.1　单预测模型的分段正态分布

当原始值 y 和 $\hat{y}$ 转换为 η 和 $\hat{\eta}$ 后，得到的样本被假设为属于两个未知的正态分布，这两个分布被 $\hat{\eta}$ 的临界值 a 进行截断，两个分段分布的矩可认为与样本矩相等。因此，高流量样本时，即 $\hat{\eta} > a$ 时的截尾正态分布：

$$f(\hat{\eta}|\hat{\eta} > a) = \frac{f(\hat{\eta})}{\int_a^{+\infty} f(\hat{\eta}) \mathrm{d}\hat{\eta}} = \frac{f(\hat{\eta})}{1 - F_{\hat{\eta}}(a)} \qquad (7.2\text{-}1)$$

$f(\hat{\eta})$ 定义如下:

$$f(\hat{\eta}) = \frac{1}{\sqrt{2\pi} s_{\hat{\eta}}} \exp\left[-\frac{1}{2}\left(\frac{\hat{\eta} - m_{\hat{\eta}}}{s_{\hat{\eta}}}\right)^2\right] \qquad (7.2\text{-}2)$$

式中, $m_{\hat{\eta}}$ 和 $s_{\hat{\eta}}$ 为非分段正态分布的均值和标准差。

因此, 变量观测值与预报值的联合分布是分段的二元正态分布:

$$f(\eta, \hat{\eta}|\hat{\eta} > a) = \frac{f(\eta, \hat{\eta})}{\int_{-\infty}^{+\infty}\left[\int_a^{+\infty} f(\eta, \hat{\eta}) \mathrm{d}\hat{\eta}\right] \mathrm{d}\eta} = \frac{f(\eta, \hat{\eta})}{1 - F_{\hat{\eta}}(a)} \qquad (7.2\text{-}3)$$

其中, $f(\eta, \hat{\eta})$ 表示为

$$f(\eta, \hat{\eta}) = \frac{\exp\left\{-\frac{1}{2}\left(\eta - m_{\eta} \quad \hat{\eta} - m_{\hat{\eta}}\right) S^{-1}\begin{bmatrix}\eta - m_{\eta} \\ \hat{\eta} - m_{\hat{\eta}}\end{bmatrix}\right\}}{\sqrt{2\pi |S|}} \qquad (7.2\text{-}4)$$

式中, $S = \begin{bmatrix} s_{\eta}^2 & s_{\eta\hat{\eta}} \\ s_{\eta\hat{\eta}} & s_{\hat{\eta}}^2 \end{bmatrix}$。

式 (7.2-2) 和式 (7.2-4) 中的 $m_{\hat{\eta}}$、$s_{\hat{\eta}}$、m_{η}、s_{η} 和 $s_{\eta\hat{\eta}}$ 的值都是未知的, 可以从样本矩中求得。对分段正态分布利用贝叶斯理论可以推得预测不确定性, 即以 $\hat{\eta}^* > a$ 为条件 η 的概率:

$$f\left(\eta | \hat{\eta} > a, \hat{\eta}^*\right) = \frac{f\left(\eta, \hat{\eta} | \hat{\eta} > a, \hat{\eta}^*\right)}{f\left(\hat{\eta} | \hat{\eta} > a, \hat{\eta}^*\right)} = \frac{f\left(\eta, \hat{\eta} | \hat{\eta}^*\right)}{f\left(\hat{\eta} | \hat{\eta}^*\right)} \qquad (7.2\text{-}5)$$

则预报量的条件概率分布可表示为具有如下均值和方差的正态分布:

$$\begin{aligned}
\mu_{\eta|\hat{\eta} > a, \hat{\eta}^*} &= m_{\eta} + \frac{s_{\eta\hat{\eta}}}{s_{\hat{\eta}}^2}\left(\hat{\eta}^* - m_{\hat{\eta}}\right) \\
\sigma_{\eta|\hat{\eta} > a, \hat{\eta}^*}^2 &= s_{\hat{\eta}}^2 - \frac{s_{\eta\hat{\eta}}}{s_{\hat{\eta}}^2}
\end{aligned} \qquad (7.2\text{-}6)$$

同样，当 $\hat{\eta}^* < a$ 时，式（7.2-1）和式（7.2-3）分别表示为

$$f\left(\hat{\eta} \,|\, \hat{\eta} < a, \hat{\eta}^*\right) = \frac{f(\hat{\eta})}{\int_{-\infty}^{a} f(\hat{\eta}) \mathrm{d}\hat{\eta}} = \frac{f(\hat{\eta})}{F_{\hat{\eta}}(a)} \tag{7.2-7}$$

$$f\left(\eta, \hat{\eta} \,|\, \hat{\eta} < a, \hat{\eta}^*\right) = \frac{f(\eta, \hat{\eta})}{\int_{-\infty}^{+\infty}\left[\int_{-\infty}^{a} f(\eta, \hat{\eta}) \mathrm{d}\hat{\eta}\right] \mathrm{d}\eta} = \frac{f(\eta, \hat{\eta})}{F_{\hat{\eta}}(a)} \tag{7.2-8}$$

根据样本矩，式（7.2-6）可以进一步写为

$$\mu_{\eta|\hat{\eta} > a,\, \hat{\eta}^*} = \mu_{\eta} + \frac{\sigma_{\eta}}{\sigma_{\hat{\eta}}^2}\left(\hat{\eta}^* - \mu_{\hat{\eta}}\right)$$

$$\sigma_{\eta|\hat{\eta} > a,\, \hat{\eta}^*}^2 = \sigma_{\hat{\eta}}^2 - \frac{\sigma_{\eta}^2}{\sigma_{\hat{\eta}}^2} \tag{7.2-9}$$

式中，μ_{η} 和 $\mu_{\hat{\eta}}$ 分别为在 $\eta|\hat{\eta} > a$ 和 $\hat{\eta}|\hat{\eta} > a$ 条件下样本的均值；σ_{η} 和 $\sigma_{\hat{\eta}}$ 为样本的标准差。预报不确定性可采用均值和方差的正态分布函数表示。

7.2.2　多预测模型的分段正态分布

当预测模型大于 1 时，相关推导变得复杂。每个模型都有对应的临界值，联合分布可以表示为 2^M 个 MTNDs（其中，M 表示模型的数量），MTND 需要包括同一时刻各个模型预测值是否超过各自临界值的所有可能。每个 MTNDs 都可以由样本矩的计算得到，但通常在实例中可用的数据不足以确定有代表性的样本，也就无法对 MTNDs 进行较好的估计。

为了解决预测模型大于 1 时预测不确定性的求解问题，将 MCP 模型预测分为三个阶段。第一阶段：每个预测模型均采用前文所述的分段正态分布进行处理，此时，每个模型的临界值都是确定的。第二阶段：采用两个分段正态分布将各个模型的预报值进行结合，这两个分段正态分布是在模型预测值基础上确定的，并且可以较好地代表高流量系列。换言之，计算每个模型上尾部的样本方差，并进行对比分析，确定第二阶段的使用模型，进而将多元联合分布分为两个分段正态分布。第三阶段：使用上述 TNDs 进行预测不确定性分析。考虑 M 个可用模型情形，计算过程如下。

第一阶段：确定各个预测模型的分段正态分布的临界值 a_i' 及上尾部分段正态分布的方差 $\sigma_{\eta|\hat{\eta}_i = \hat{\eta}_i^* > a_i'}^2$，$i = 1, 2, \cdots, M$。

第二阶段：找到 M 个模型中对高流量拟合较好的模型 k，根据模型 k 确定联合 MTNDs，此时，

$$\sigma^2_{\eta|\hat{\eta}_k>\hat{\eta}^*_k,a'_k} < \sigma^2_{\eta|\hat{\eta}_i>\hat{\eta}^*_i,a'_i} \qquad \forall i \neq k \qquad (7.2\text{-}10)$$

考虑分布函数上尾部的样本特征，简单起见，对向量 $\boldsymbol{a}$ 进行如下定义：

$$\begin{cases} a_i = -\infty \\ a_k = a'_k \end{cases} \qquad \forall i \neq k \qquad (7.2\text{-}11)$$

同时，定义向量 $\hat{\boldsymbol{\eta}}$ 代表模型模拟变量，$\hat{\boldsymbol{\eta}} = [\hat{\eta}_1 \cdots \hat{\eta}_M]^T$。

那么，模拟变量 $\hat{\eta}_i > -\infty$（$\forall i \neq k$）和 $\hat{\eta}_k > a_k$ 的联合分布可以表示为

$$f(\hat{\boldsymbol{\eta}} \mid \hat{\eta}_k > a_k) = \frac{f(\hat{\boldsymbol{\eta}})}{1 - F_{\hat{\eta}_K}(a_k)} \qquad (7.2\text{-}12)$$

$$f(\hat{\boldsymbol{\eta}}) = \frac{\exp\left\{-\dfrac{1}{2}(\hat{\boldsymbol{\eta}} - \hat{\boldsymbol{m}}) \boldsymbol{S}_{\hat{\eta}\hat{\eta}}^{-1} (\hat{\boldsymbol{\eta}} - \hat{\boldsymbol{m}})^T\right\}}{(2\pi)^{1/M} \sqrt{|S_{\hat{\eta}\hat{\eta}}|}} \qquad (7.2\text{-}13)$$

式中，向量 $\hat{\boldsymbol{m}} = \begin{bmatrix} m_{\hat{\eta}_1} \\ \vdots \\ m_{\hat{\eta}_M} \end{bmatrix}$ 为边缘分布 $\hat{\eta}$ 的均值；$\boldsymbol{S}_{\hat{\eta}\hat{\eta}}$ 为 $\hat{\eta}$ 的协方差矩阵：

$$\boldsymbol{S}_{\hat{\eta}\hat{\eta}} = \begin{bmatrix} s^2_{\hat{\eta}_1} & s_{\hat{\eta}_2\hat{\eta}_1} & \cdots & s_{\hat{\eta}_M\hat{\eta}_1} \\ s_{\hat{\eta}_1\hat{\eta}_2} & & \ddots & \vdots \\ \vdots & \vdots & & s_{\hat{\eta}_{M-1}\hat{\eta}_1} \\ s_{\hat{\eta}_1\hat{\eta}_M} & \cdots & s_{\hat{\eta}_1\hat{\eta}_{M-1}} & s^2_{\hat{\eta}_M} \end{bmatrix} \qquad (7.2\text{-}14)$$

因此，所有变量的联合分布都服从下列多元分段正态分布：

$$f(\eta \mid \hat{\eta} > a) = \frac{f(\eta, \hat{\eta})}{1 - F_{\hat{\eta}_K}(a_k)} \qquad (7.2\text{-}15)$$

$$f(\eta, \hat{\eta}) = \frac{\exp\left\{-\dfrac{1}{2}(\eta - m\hat{\eta} - \hat{m}) S^{-1} \begin{bmatrix} \eta - m \\ \hat{\eta} - \hat{m} \end{bmatrix}\right\}}{(2\pi)^{\frac{1}{M+1}} \cdot \sqrt{|S|}} \qquad (7.2\text{-}16)$$

式中，m 为边缘分布 η 的均值。

$$S = \begin{bmatrix} S_{\eta\eta} & S_{\eta\hat{\eta}} \\ S_{\eta\hat{\eta}}^{T} & S_{\hat{\eta}\hat{\eta}} \end{bmatrix} \tag{7.2-17}$$

式中，$S_{\eta\eta} = \begin{bmatrix} s_\eta^2 \end{bmatrix}$，$S_{\eta\hat{\eta}} = \begin{bmatrix} s_{\eta\hat{\eta}_1} \cdots s_{\eta\hat{\eta}_m} \end{bmatrix}$。

式（7.2-13）和式（7.2-16）中，$\hat{m}$、$S_{\hat{\eta}\hat{\eta}}$、m、$S_{\eta\eta}$ 和 $S_{\eta\hat{\eta}}$ 都是未知的，但可以通过样本矩求得。根据贝叶斯定理，可以推得预测不确定性为

$$f\left(\eta \mid \hat{\eta}_k > a_k, \hat{\eta}^*\right) = \frac{f\left(\eta, \hat{\eta} \mid \hat{\eta}_k > a_k, \hat{\eta}^*\right)}{f\left(\hat{\eta} \mid \hat{\eta}_k > a_k, \hat{\eta}^*\right)} = \frac{f\left(\eta, \hat{\eta} \mid \hat{\eta}^*\right)}{f\left(\hat{\eta} \mid \hat{\eta}^*\right)} \tag{7.2-18}$$

需要注意的是，式（7.2-18）和式（7.2-3）的概念相同。换句话说，当模型的数量增加到 M 个时，$f(\eta,\hat{\eta})$ 包含 $M+1$ 个变量，$f(\hat{\eta})$ 包含 M 个变量，式（7.2-3）中 $M=1$。由此可知，预测不确定性为均值和方差如下的正态分布：

$$\mu_{\eta \mid \hat{\eta}_k > a_k, \hat{\eta}^*} = m + S_{\eta\hat{\eta}} S_{\hat{\eta}\hat{\eta}}^{-1} \left(\hat{\eta}^* - \hat{m}\right)$$
$$\sigma^2_{\eta \mid \hat{\eta}_k > a_k, \hat{\eta}^*} = S_{\eta\eta} - S_{\eta\hat{\eta}} S_{\hat{\eta}\hat{\eta}}^{-1} S_{\eta\hat{\eta}}^{T} \tag{7.2-19}$$

代入样本矩，则

$$\mu_{\eta \mid \hat{\eta}_k > a_k, \hat{\eta}^*} = \mu + \Sigma_{\eta\hat{\eta}} \Sigma_{\hat{\eta}\hat{\eta}}^{-1} \left(\hat{\eta}^* - \hat{\mu}\right)$$
$$\sigma^2_{\eta \mid \hat{\eta}_k > a_k, \hat{\eta}^*} = \Sigma_{\eta\eta} - \Sigma_{\eta\hat{\eta}} \Sigma_{\hat{\eta}\hat{\eta}}^{-1} \Sigma_{\eta\hat{\eta}}^{T} \tag{7.2-20}$$

当模型 k 的预测值 $\hat{\eta}_k^*$ 大于界限值 a_k，这里的 μ 和 $\hat{\mu}$ 分别表示 $\eta \mid \hat{\eta}_k > a_k$ 和 $\hat{\eta} \mid \hat{\eta}_k > a_k$ 的样本均值，$\Sigma_{\eta\eta}$、$\Sigma_{\eta\hat{\eta}}$、$\Sigma_{\hat{\eta}\hat{\eta}}$ 是协方差矩阵的组成部分。

同样，当样本小于界限值时，a 向量表示为 $\begin{cases} a_i = -\infty \\ a_k = a_k^* \end{cases}$，$\forall i \neq k$。

式（7.2-12）和式（7.2-15）可分别表示为

$$f(\hat{\eta} \mid \hat{\eta} < a) = \frac{f(\hat{\eta})}{F_{\hat{\eta}_k}(a_k)} \tag{7.2-21}$$

$$f(\eta, \hat{\eta} \mid \hat{\eta} < a) = \frac{f(\eta, \hat{\eta})}{F_{\hat{\eta}_k}(a_k)} \tag{7.2-22}$$

正态空间里预报不确定性的均值和方差可表示为

$$\mu_{\eta|\hat{\eta}_k < a_k, \hat{\eta}^*} = \mu + \Sigma_{\eta\hat{\eta}} \Sigma_{\hat{\eta}\hat{\eta}}^{-1} \left(\hat{\eta}^* - \hat{\mu} \right)$$
$$\sigma^2_{\eta|\hat{\eta}_k < a_k, \hat{\eta}^*} = \Sigma_{\eta\eta} - \Sigma_{\eta\hat{\eta}} \Sigma_{\hat{\eta}\hat{\eta}}^{-1} \Sigma_{\eta\hat{\eta}}^{\mathrm{T}}$$

（7.2-23）

式中，参数 μ、$\hat{\mu}$、$\Sigma_{\eta\eta}$、$\Sigma_{\eta\hat{\eta}}$ 和 $\Sigma_{\hat{\eta}\hat{\eta}}$ 计算中只需考虑下部的样本。

7.3　应 用 实 例

7.3.1　单预测模型下 MCP 应用实例

研究选取射洪—小河坝区间流域为研究对象（图 7.3-1），对考虑单个预测模型的 MCP 模型进行应用研究[6]。射洪—小河坝区间流域位于嘉陵江支流的涪江流域，小河坝是其出口控制站。该区间流域面积 5846km²，河道长 185km。基于新安江模型提供小河坝站的确定性洪水预报，计算步长 $\Delta t = 6\mathrm{h}$。选取 1980～2003 年较大的 10 场洪水进行洪水概率预报。

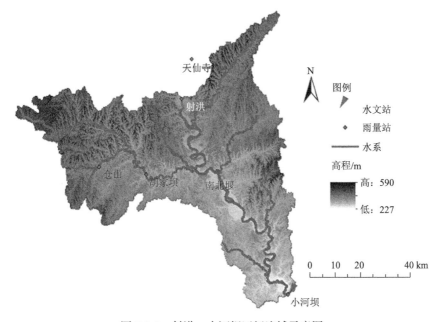

图 7.3-1　射洪—小河坝区间流域示意图

1. MCP 模型参数估计

选用对数韦布尔（Log-Weibull）分布作为实测流量和预报流量的边际分布，采用矩法估计分布参数，结果见表 7.3-1。实测流量 y 和新安江模型预报流量 $\hat{y}$ 的经验点分布及其拟合的对数韦布尔分布如图 7.3-2 所示。

表 7.3-1　　y 和 $\hat{y}$ 的对数韦布尔分布参数估计值

变量	α	β	γ
y	5.4613	1.7229	1.7525
$\hat{y}$	5.1463	1.9705	1.8900

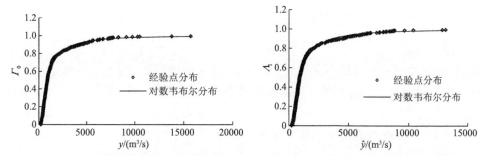

图 7.3-2　实测流量 y 和新安江模型预报流量 $\hat{y}$ 经验点分布与相应的对数韦布尔分布

由图可知，估计的对数韦布尔分布与经验点据拟合较好，说明估计的边际分布合理。

2. 分段正态联合分布

将流量预报值 $\hat{y}$ 与实测 y 通过正态分位数转换得到 $\hat{\eta}$ 和 η，点绘 $\hat{\eta}$ 与 η 的关系图（图 7.3-3 和图 7.3-4）。

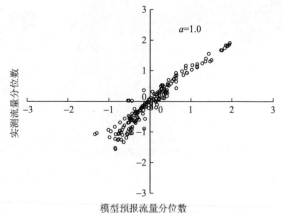

图 7.3-3　η 和 $\hat{\eta}$ 的正态联合分布

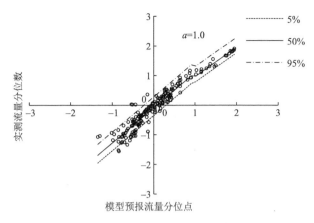

图 7.3-4　η 和 $\hat{\eta}$ 的截断正态联合分布

由图 7.3-3 和图 7.3-4 可知，在正态空间中，大概以 $a=1.0$ 为分界点，$(\hat{\eta}, \eta)$ 点据呈现出两种不同的分布规律，即高流量、低流量具有不同的分布函数，因此可将点据分为两段，分别估计每一段以 $\hat{\eta}$ 为条件的 η 的概率分布。进一步分析发现，$(\hat{\eta}, \eta)$ 点具有较好的线性关系，每一段分布的均值不是常数，而是随着流量量级的大小变化而改变，且点据存在异方差问题，为此采用分位数回归模型分别对其进行回归分析。图 7.3-4 给出了 5%、50% 及 95% 分位数下的预报结果，即中位数及 90% 置信度的预报区间，回归系数见表 7.3-2。

表 7.3-2　分位数回归系数表

分位点	分界点（$a=1.0$）			
	低流量		高流量	
	斜率	截距	斜率	截距
5%	1.23	−0.35	1.05	−0.16
50%	1.19	−0.09	0.99	−0.02
95%	1.10	0.28	0.96	0.31

3. 结果分析

MCP 方法可求得各时刻流量的条件概率密度函数和各分位点的估值，提供洪水过程的中位数预报及置信度为 90% 的区间预报结果。实例对上述 10 场洪水进行概率预报。采用区间覆盖率 CR 与离散度 DI 两个指标对概率预报成果进行评估，区间覆盖率越大、离散度越小，说明模型预报的不确定性越小，但这两个评价指标往往无法同时达到最优。MCP 模型预报精度统计结果见表 7.3-3。图 7.3-5 和图 7.3-6 分别为 19850904 号和 20030827 号洪水概率预报结果。

表 7.3-3 MCP 模型预报精度统计表

洪号	置信度 90%的预报区间	覆盖率 CR/%	离散度 DI	实测洪峰/（m³/s）	Q_{50} 洪峰预报/（m³/s）	Q_{50} 洪峰误差/%	Q_{50} 确定性系数
19800625	[5390，9500]	80.77	0.65	5650	6139	8.66	0.98
19820705	[5270，9270]	76.62	0.56	5530	5995	8.40	0.98
19850904	[6290，11200]	96.30	0.67	7600	7176	−5.58	0.99
19870716	[7060，12600]	97.96	0.55	7740	8064	4.18	0.99
19950809	[8570，15400]	79.31	0.65	10300	9808	−4.77	0.93
19970813	[6330，11200]	79.49	0.50	7480	7225	−3.41	0.99
19980817	[13600，25000]	60.00	0.46	18800	15651	−16.75	0.95
19990814	[3350，5750]	90.57	0.64	4690	3790	−19.18	0.83
20010816	[7150，12800]	64.86	0.56	8270	8168	−1.23	0.95
20030827	[6960，12400]	87.67	0.62	7700	7954	3.30	0.95

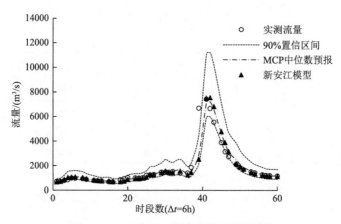

图 7.3-5 19850904 号洪水概率预报结果

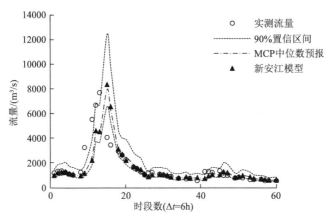

图 7.3-6 20030827 号洪水概率预报结果

从表 7.3-3、图 7.3-5 和图 7.3-6 可以看出，MCP 提供的置信度为 90%的预报区间，平均覆盖率达 80%以上，离散度平均低于 0.6。此外，以中位数作为定值预报结果，确定性系数在 0.83 及以上，洪峰误差绝对值在 20%以内，预报精度较好。

7.3.2 多预测模型下 MCP 应用实例

采用经验相关模型和新安江模型分别对王家坝断面 1990～2013 年共 20 场洪水进行模拟/预报。在此基础上，将经验相关模型预报结果、新安江模型预报结果及实测资料作为 MCP 模型输入以实现洪水概率预报，其中，16 场洪水用于率定 MCP 模型参数，4 场洪水用于模型验证。以置信度 90%（也可采用其他置信度值）的区间预报为例，对概率预报结果进行评估。同时，对流量分布函数的中位数 Q_{50} 预报结果进行评价。在模型率定期，MCP 模型模拟精度统计见表 7.3-4；模拟过程线（以其中 1 场为例）如图 7.3-7 所示。

表 7.3-4 MCP 模型模拟精度统计表（王家坝）

洪号	置信度 90%的预报区间	覆盖率 CR/%	离散度 DI	实测洪峰/（m^3/s）	Q_{50}洪峰预报/（m^3/s）	Q_{50}洪峰误差/%	Q_{50}确定性系数
19900617	[1110，1510]	91	0.52	1240	1277	3.01	0.96
19910629	[4440，6670]	80	0.43	5340	5338	−0.03	0.94
19910902	[1050，1440]	92	0.48	1120	1203	7.41	0.91
19920505	[803，1160]	97	0.58	1070	922	−13.86	0.96
19921003	[616，824]	90	0.55	778	709	−8.86	0.93
19961031	[3380，4840]	87	0.39	4610	4086	−11.37	0.98
19980630	[3410，5090]	93	0.50	4370	4184	−4.26	0.94
19980801	[3310，4900]	85	0.48	3790	4057	7.04	0.85

续表

洪号	置信度90%的预报区间	覆盖率CR/%	离散度DI	实测洪峰/（m³/s）	Q_{50}洪峰预报/（m³/s）	Q_{50}洪峰误差/%	Q_{50}确定性系数
20030719	[3850, 5610]	91	0.48	4540	4631	2.00	0.97
20031005	[2280, 3520]	81	0.45	2640	2934	11.15	0.83
20050513	[1160, 1560]	94	0.48	1500	1335	−10.99	0.97
20050707	[5100, 6910]	94	0.38	6310	5842	−7.41	0.96
20060629	[682, 983]	98	0.55	857	783	−8.68	0.94
20060722	[1270, 2240]	93	0.43	1780	1810	1.71	0.97
20090828	[1500, 2640]	96	0.49	2250	2105	−6.44	0.98
20100904	[618, 837]	85	0.54	712	711	−0.09	0.92

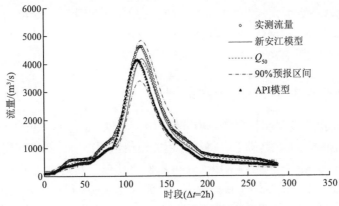

图 7.3-7　19961031 号洪水模拟过程线

　　由表 7.3-4 和图 7.3-7 可知，在 MCP 模型率定阶段，预报区间（置信度为 90%）覆盖率平均达 90.4%，离散度平均值为 0.48。此外，就 50% 中位数预报结果来看，其确定性系数平均达 0.94，洪峰误差在 15% 以内，其中，5% 以内有 6 场，说明 MCP 模型精度较高。

　　基于验证期 4 场洪水对概率预报模型进行验证分析。MCP 模型概率预报精度统计结果见表 7.3-5，预报过程线（以其中 2 场为例）如图 7.3-8 和图 7.3-9 所示。

表 7.3-5　MCP 模型概率预报精度统计表（王家坝）

洪号	置信度90%的预报区间	覆盖率CR/%	离散度DI	实测洪峰/（m³/s）	Q_{50}洪峰预报/（m³/s）	Q_{50}洪峰误差/%	Q_{50}确定性系数
19910804	[3890, 5720]	85	0.48	4390	4693	6.91	0.97
19990622	[499, 684]	94	0.71	548	573	4.64	0.88
20080722	[2990, 4520]	89	0.39	4240	3729	−12.05	0.96
20100709	[2920, 4490]	87	0.49	4350	3670	−15.63	0.95

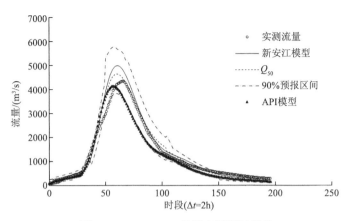

图 7.3-8　19910804 号洪水预报过程线

由表 7.3-5、图 7.3-8 和图 7.3-9 可知，MCP 模型将经验相关模型与新安江模型的预报结果进行有效综合，较好地实现了王家坝断面的洪水概率预报。预报区间（置信度为 90%）覆盖率较高，且离散度平均值达 0.52，在相对较小的区间宽度内，预报区间仍然能够覆盖绝大多数实测数据，说明概率预报精度较高。此外，就 50% 中位数预报结果来看，其确定性系数平均达 0.94，洪峰误差在 16% 以内，说明结合多模型的 MCP 中位数预报精度较高。究其原因是，MCP 模型综合两个确定性模型的预报结果，考虑不同量级洪水预报误差存在的差异，并将其分段处理，利用贝叶斯理论进行修正，使得其中位数预报结果更接近于流量实测值，以此提高了洪水预报的可靠度。

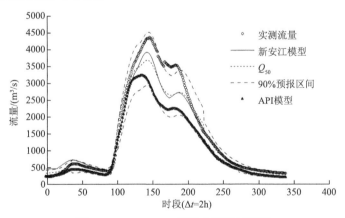

图 7.3-9　20100709 号洪水预报过程线

参 考 文 献

[1] Todini E. A model conditional processor to assess predictive uncertainty in flood forecasting.

International Journal of River Basin Management, 2008, 6(2): 123-137.

[2] Todini E. From HUP to MCP: analogies and extended performances. Journal of Hydrology, 2013, 477: 33-42.

[3] Coccia G, Todini E. Recent developments in predictive uncertainty assessment based on the model conditional processor approach. Hydrology and Earth System Sciences, 2011, 15(10): 3253-3274.

[4] Koenker R, Bassett G. Regression quantiles. Econometrica, 1978, 46(1): 33-50.

[5] 王艳兰, 梁忠民, 王凯, 等. 基于多模型 MCP 方法的洪水概率预报. 南水北调与水利科技, 2018, 16(6): 43-49.

[6] 王艳兰, 梁忠民, 蒋晓蕾, 等. MCP 模型在嘉陵江小河坝站洪水概率预报中的应用. 水力发电, 2017, 43(10): 31-35.

第 8 章　基于误差分析途径的其他洪水概率预报方法

第 7 章所述的 MCP 方法在一定程度上考虑了预报误差的异方差性。然而，洪水预报误差不仅仅具有异方差性，通常情况下，其分布函数会随预报流量不同而变化，即预报误差的异分布性。

考虑预报误差的非平稳性，为了更好地量化预报不确定性，发展了若干考虑预报误差异分布的概率预报方法。2010 年王晶晶等[1]结合信息熵理论，分析了预报误差的异分布特征，采用极小熵原理确定不同流量级别预报误差的线型，并采用极大熵原则估计分布参数，最终确定了不同流量级别预报误差的分布函数。2012 年 van Steenbergen 等[2]构建了三维误差矩阵用以体现不同洪水量级预报误差分布规律的不同。2017 年梁忠民等[3]提出了一种考虑预报误差异分布的洪水概率预报方法，定量分析了预报误差均值与方差随预报流量的变化规律，并在此基础上推求预报量的条件概率分布，实现了洪水概率预报。

8.1　信息熵方法

在信息论的带动下，熵的发展已经不仅仅致力于热力学、统计物理学的研究，而且渗透到更多的领域：天体物理、生物医学、信息论、气象科学、社会科学、管理科学，甚至是水文水资源学科领域。

设 X_t 代表预报变量在未来时刻 t 的实测值，Y_t 代表时刻 t 的预报值，$\varepsilon_t = (Y_t - X_t)/X_t$ 代表相对预报误差。通过历史实测资料及水文预报方案的相应预报结果，估计条件概率分布 $p(\varepsilon_t/Y_t)$，即预报为 Y_t 时，实际发生 X_t（以实测代表真值）的误差概率分布。对未来的任何一场洪水，基于模型预报值 Y_t，根据 $p(\varepsilon_t/Y_t)$ 分布，可获得对应 X_t 的概率分布估计，从而实现实时洪水的概率预报。由此可知，实现洪水概率预报的关键是求得误差的条件概率函数 $p(\varepsilon_t|Y_t)$，而概率分布的估计包括分布类型选择（线型选择）和参数估计两方面内容。

结合熵理论的基本内涵，可以采用极小熵方法估计预报误差分布函数的线型，采用极大熵法确定分布的参数，进而估计预报误差的分布函数。由于洪水预报误差分布规律往往与洪水量级有关，可以根据 X_t 或 Y_t 进行分级，再对不同量级洪水预报误差的概率分布分别进行估计。

8.1.1　信息熵的基本性质

熵的基本性质有如下 9 条[4]。

（1）非负性：

$$H(A) = H(p_1, p_2 \cdots, p_n) \geqslant 0 \qquad (8.1\text{-}1)$$

式中，在 $p_i = 1$ 时式中的等号成立。

（2）对称性：熵函数所有变量可以互换，计算的熵值不变，即

$$H(p_1, p_2 \cdots, p_n) = H(p_2, p_1 \cdots, p_n) = \cdots = H(p_n, p_1, \cdots, p_{n-1}) \qquad (8.1\text{-}2)$$

（3）扩展性：随机变量 A 有 n 种可能取值，如果增加概率趋近于 0 的第 $n+1$ 种情况，即 $\varepsilon \to 0$，而其他概率不变，则其熵相等：

$$H(p_1, p_2 \cdots, p_n) = \lim_{\varepsilon \to 0} H(p_1, p_2 \cdots, p_n, \varepsilon) \qquad (8.1\text{-}3)$$

（4）确定性：只要随机变量中一种情况概率为 1，即确定性事件，其熵最小，等于 0。

（5）可加性：$H(X \cdot Y)$ 表示 X、Y 的联合熵，当 X 与 Y 独立时，有

$$H(X \cdot Y) = H(X) + H(Y) \qquad (8.1\text{-}4)$$

（6）强可加性：以 $H(Y|X)$ 表示已知 X 条件下 Y 的条件熵，则有

$$H(X \cdot Y) = H(X) + H(Y|X) \qquad (8.1\text{-}5)$$

同样有

$$H(X \cdot Y) = H(Y) + H(X|Y) \qquad (8.1\text{-}6)$$

（7）递增性：如果一随机事件某种可能情况可分解为两种可能情况，分解后不确定性增加，熵增加。

（8）极值性：离散无记忆信源输出的信息符号，出现概率相等时（即 $p_i = 1/n$），熵最大。

（9）条件熵小于无条件熵：

$$H(Y|X) \leqslant H(Y) \qquad (8.1\text{-}7)$$

从而推出：

$$H(X \cdot Y) = H(X) + H(Y|X) \leqslant H(X) + H(Y) \qquad (8.1\text{-}8)$$

继续推广可知,条件多的熵小于条件少的熵,即

$$H(X|X_1) \geqslant H(X|X_1 X_2) \qquad (8.1\text{-}9)$$

8.1.2 极小熵确定分布线型

采用极小熵方法确定预报误差分布函数线型的思路如下[5]:对假定的线型,采用样本资料进行参数估计,估计预报误差的概率密度函数。显然,这时得到的预报分布仍然是一个随机系统,具有不确定性。根据熵理论,该系统在没有获得新信息之前,所具有的熵越小,则不确定性越小。因此,可以选择几种常用的分布线型,分别对各线型的参数进行估计,并计算其熵值,其中熵最小的频率分布曲线即为最优的频率分布曲线。这就是线型选优的最小信息熵准则。黄克中和张金阳[6]根据信息熵的基本概念,给出推导频率分布信息熵的一般方法,并推导了各种信息熵的计算公式,以概率密度函数为 $f(x) = \dfrac{\beta^{\alpha}}{\Gamma(\alpha)}(x-a_0)^{\alpha-1}\mathrm{e}^{-\beta(x-a_0)}$ 的 P-III 分布为例,简单介绍如下。

对 P-III 型概率密度函数取对数,可得

$$\ln f(x) = \alpha \ln \beta + (\alpha-1)\ln(x-a_0) - \ln[\Gamma(\alpha)] - \beta(x-a_0) \qquad (8.1\text{-}10)$$

式(8.1-10)两边乘以 $[-f(x)]$ 再积分,即

$$\begin{aligned}
H[f(x)] &= -\int_{a_0}^{\infty} f(x)\ln f(x)\mathrm{d}x \\
&= -\left\{ \alpha \ln \beta - \ln[\Gamma(\alpha)]\int_{a_0}^{\infty} f(x)\mathrm{d}x + \beta\int_{a_0}^{\infty}(x-a_0)f(x)\mathrm{d}x - (\alpha-1)\int_{a_0}^{\infty}\ln(x-a_0)f(x)\mathrm{d}x \right\}
\end{aligned}$$
$$(8.1\text{-}11)$$

式(8.1-11)对应的约束条件为

$$\begin{cases}
\displaystyle\int_{a_0}^{\infty} f(x)\mathrm{d}x = 1 \\[2mm]
\displaystyle\int_{a_0}^{\infty}(x-a_0)f(x)\mathrm{d}x = E[(x-a_0)] \\[2mm]
\displaystyle\int_{a_0}^{\infty}\ln(x-a_0)f(x)\mathrm{d}x = E[\ln(x-a_0)]
\end{cases} \qquad (8.1\text{-}12)$$

利用拉格朗日方法,引入拉格朗日乘子 (λ_0-1)、λ_1、λ_2,由概率密度函数与式

（8.1-12）得无条件泛函数 F 及 F 的变分 δF：

$$F[f(x)] = -\int_{a_0}^{\infty}[\ln f(x) + (\lambda_0 - 1) + \lambda_1(x - a_0)]f(x)\mathrm{d}x$$

$$\delta F[f(x)] = -\int_{a_0}^{\infty}[\ln f(x) + \lambda_0 + \lambda_1(x - a_0) + \lambda_2\ln(x - a_0)]\delta f(x)\mathrm{d}x = 0$$

进一步获得具有熵意义的概率密度函数：

$$f(x) = \exp[-\lambda_0 - \lambda_1(x - a_0) - \lambda_2\ln(x - a_0)] \tag{8.1-13}$$

将式（8.1-13）代入式（8.1-12）后，通过变量置换 $[x = (y/\lambda_1) + a_0]$，再次进行积分后取对数得

$$\lambda_0 = \ln[\Gamma(1 - \lambda_2)] - (1 - \lambda_2)\ln\lambda_1 \tag{8.1-14}$$

将式（8.1-14）代入式（8.1-13），令 $\lambda_1 = \beta$，$\lambda_2 = 1 - \alpha$，整理后得

$$f(x) = \frac{\beta^\alpha}{\Gamma(\alpha)}(x - a_0)^{\alpha-1}\mathrm{e}^{-\beta(x-a_0)} \tag{8.1-15}$$

对式（8.1-14）取 $\partial/\partial\lambda_1$，简化整理后推得

$$\alpha/\beta = E(x - c) \tag{8.1-16}$$

对式（8.1-14）取 $\partial/\partial\lambda_2$，简化整理后推得

$$\frac{\partial\lambda_0}{\partial\lambda_2} = \frac{\partial\Gamma(1 - \lambda_2)}{\partial\lambda_2} + \ln\lambda_2 = -E[\ln(x - a_0)] \tag{8.1-17}$$

上式可进一步写为

$$b[\Psi(\alpha) - \ln\beta] = E[\ln(x - a_0)] \tag{8.1-18}$$

式中，$\Psi(\alpha)$ 为普西函数。

同理，对 λ_0 分别取 $\frac{\partial^2}{\partial\lambda_1^2}$ 和 $\frac{\partial^2}{\partial^2\lambda_2}$，可得

$$\alpha/\beta^2 = \mathrm{var}(x - a_0)$$

$$b^2\sum_{k=0}^{\infty}(\alpha + k)^{-2} = \mathrm{var}[\ln(x - a_0)] \tag{8.1-19}$$

由式（8.1-16）～式（8.1-19）可得

$$\ln f(x) = -\lambda_0 - \lambda_1(x - a_0) - \lambda_2 \ln(x - a_0) \quad (8.1\text{-}20)$$

将式（8.1-15）代入式（8.1-11）得

$$H = \lambda_0 + \lambda_1 E(x - a_0) + \lambda_2 E[\ln(x - a_0)] \quad (8.1\text{-}21)$$

将式（8.1-14）代入式（8.1-21）得

$$H = \ln[\Gamma(\alpha) / \beta^\alpha] + \beta E(x - a_0) + (1 - \alpha)E[\ln(x - a_0)] \quad (8.1\text{-}22)$$

最终得

$$H = \ln[\Gamma(\alpha) / \beta^\alpha] + \alpha + (1 - \alpha)[\Psi(\alpha) - \ln\beta] \quad (8.1\text{-}23)$$

上述计算比较烦琐，为方便进行熵值大小的比较，可将其大小比较换为对 $H'(x) = -E[\ln f(x)]$ 的比较，按下列步骤进行计算。

步骤 1：用矩法（或其他方法）估计 $\overline{x}$、C_v、C_s。

步骤 2：计算 a_0、α 及 β。

$$\begin{cases} a_0 = E(x)\left(1 - \dfrac{2C_v}{C_s}\right) \\[2mm] \alpha = \dfrac{4}{C_s^2} \\[2mm] \beta = \dfrac{2}{E(x)C_v C_s} \end{cases} \quad (8.1\text{-}24)$$

步骤 3：计算符合 P-Ⅲ分布样本的熵。

$$\begin{aligned} H'(x) &= -E(\ln f(x)) \\ &= -E\left[\alpha \ln\beta - \ln\Gamma(\alpha) - (\alpha - 1)\ln(x - a_0) - \beta(x - a_0)\right] \\ &= -\alpha \ln\beta + \ln\Gamma(\alpha) + (\alpha - 1)E\left[\ln(x - a_0)\right] + \beta(EX - a_0)x > a_0 \end{aligned} \quad (8.1\text{-}25)$$

同理，可以计算其他概率分布函数的 $H'(x)$，如对于概率密度函数为 $f(x) = \dfrac{1}{\sqrt{2\pi}\sigma} e^{-\frac{(x-a)^2}{2\sigma^2}}$，$-\infty < x < +\infty$ 的正态分布函数，其 $H'(x)$ 为 $\ln(\sqrt{2\pi}\sigma)$；对于密度函数为 $f(x) = \dfrac{1}{(x-b)\sigma_Y\sqrt{2\pi}}\exp\left\{-\dfrac{[\ln(x-b)-a_Y]^2}{2\sigma_Y^2}\right\}$ 的对数正态分布函数，可先求其对数，转换成正态分布函数后再按照其 $H'(x)$ 计算公式进行求解。

对于不同的频率曲线线型，分别计算样本的 $H'(x)$，取其中最小者对应的线型作为预报误差的最优线型。

8.1.3　最大熵估计分布参数

最大熵原理（POME）认为熵最大意味着对参数估计过程中的人为假定（人为添加信息）最小，从而所获得的解最合乎自然，偏差最小。在预报误差分布的线型确定的情况下，应最大可能地减少人为假定，以得到最符合样本规律的参数估计。因此，在估计分布函数的参数时应遵循最大熵原理[5,7]。

最大熵原理估计概率密度函数 $f(x)$ 的参数，是指寻找一套分布参数估值，在满足下列约束条件下，使 H 达到最大。

$$\int_M f(x)\mathrm{d}x = 1$$

$$\int_M f_k(x)f(x)\mathrm{d}x = F_k \qquad k = 1, 2, \cdots, m \tag{8.1-26}$$

式中，$f_k(x)$ 为可积实函数；F_k 为常数。

以 P-Ⅲ 分布为例，最大熵参数估计的步骤如下。

步骤 1：用矩法估计 $\bar{x}$、C_v、C_s。

步骤 2：将步骤 1 计算的结果代入式（8.1-38）（见下面求解过程）求得 a_0，在 a_0 附近取不同的值。

步骤 3：计算不同 a_0 值对应的 $\bar{x}$、C_v、C_s，即求目标函数为式（8.1-27），满足约束函数为式（8.1-28）～式（8.1-30）的解，计算如下：

$$\max H = -\max \int_M f(x)\ln f(x)\mathrm{d}x \tag{8.1-27}$$

$$\text{s.t.} \quad \int_{a_0}^{+\infty} f(x)\mathrm{d}x = 1 \tag{8.1-28}$$

$$\int_{a_0}^{+\infty} (x - a_0)f(x)\mathrm{d}x = E(x - a_0) \tag{8.1-29}$$

$$\int_{a_0}^{+\infty} \ln(x - a_0)f(x)\mathrm{d}x = E(\ln(x - a_0)) \tag{8.1-30}$$

当已知上述三式右边的值时，满足上述约束条件，具有最大熵的分布密度函数为

$$f(x) = \exp\left[-q_0 - q_1(x - a_0) + q_2 \ln(x - a_0)\right] \tag{8.1-31}$$

由式（8.1-28）与式（8.1-31）可得下式，即

$$\exp(q_0) = q_1^{-q_2-1} \Gamma(q_2 + 1) \tag{8.1-32}$$

则

$$f(x) = \frac{q_1^{q_2+1}}{\Gamma(q_2+1)} (x - a_0)^{q_2} \exp\left[-q_1(x - a_0)\right] \tag{8.1-33}$$

至此，由三个约束条件得出 P-Ⅲ 分布的概率密度函数，其中参数求解如下。

对式（8.1-32）两边求 q_1、q_2 的偏导数，并联合式（8.1-29）和式（8.1-30）两个约束条件，可得

$$\frac{\partial q_0}{\partial q_1} = -E(x - a_0) = -\frac{q_2 + 1}{q_1} \tag{8.1-34}$$

$$\frac{\partial q_0}{\partial q_2} = E\left[\ln(x - a_0)\right] = -\ln q_1 + \frac{\Gamma'(q_2 + 1)}{\Gamma(q_2 + 1)} \tag{8.1-35}$$

合并式（8.1-34）和式（8.1-35），可得

$$\ln\left[E(x - a_0)\right] - E\left[\ln(x - a_0)\right] = \ln(q_2 + 1) - \frac{\Gamma'(q_2 + 1)}{\Gamma(q_2 + 1)} \tag{8.1-36}$$

式（8.1-36）的左边可通过样本估计，q_2 即可求出；式（8.1-36）右边是 q_2 的函数，记之为 $G(q_2)$，称之为示性函数，则有

$$\begin{aligned} G(q_2) &= \ln(q_2 + 1) - \frac{\Gamma'(q_2 + 1)}{\Gamma(q_2 + 1)} \\ &= \ln(q_2 + 1) + c - \int_0^1 \frac{1 - t^{q_2}}{1 - t} dt \end{aligned} \tag{8.1-37}$$

式中，$c = 0.5772166$。

由下式可以得到 C_v 和 C_s 的估计值：

$$C_s = \frac{2}{\sqrt{q_2 + 1}} \qquad a_0 = \bar{x}(1 - \sqrt{q_2 + 1}\,C_v) \tag{8.1-38}$$

步骤 4：根据拟优准则确定最终参数估计值。

对上述估计的 $\bar{x}$、C_v 和 C_s，计算其频率曲线与经验点据的离差绝对值和，其中最小者对应的 $\bar{x}$、C_v 和 C_s 即为总体分布的参数估值。

同理，可以推出其他分布线型的极大熵参数估计方法，见表 8.1-1[8]。

表 8.1-1　几个由熵原理求出的分布及熵估计参数方法

分布函数	分布要素	
	P-Ⅲ分布	P-Ⅴ分布
密度函数	$\dfrac{q_1^{q+1}(x-a_0)^q}{\Gamma(q+1)}\exp\left[-q_1(x-a_0)\right]$	$\dfrac{q_1^{q+1}\exp\left(-\dfrac{q_1}{x-a_0}\right)}{\Gamma(q+1)(x-a_0)^{q+2}}$
约束函数	$f_1(x)=x-a_0$,　$f_2(x)=\ln(x-a_0)$	$f_1(x)=\dfrac{1}{x-a_0}$,　$f_2(x)=\ln(x-a_0)$
示性函数及参数计算公式	$G(q)=\ln(q+1)-\Gamma'(q+1)/\Gamma(q+1)$ $=\ln\left[E(x-a_0)\right]-E\left[\ln(x-a_0)\right]$, $C_s=\dfrac{2}{\sqrt{q+1}},a_0=\bar{x}(1-\sqrt{q+1}C_v)$	$G(q)=\ln(q+1)-\Gamma'(q+1)/\Gamma(q+1)$ $=E\left[\ln(x-a_0)\right]+\ln\left[E\left(\dfrac{1}{x-a_0}\right)\right]$, $C_s=\dfrac{4\sqrt{q+1}}{q-2},a_0=\bar{x}(1-\sqrt{q-1}C_v)$
说明	1. 给定 a_0（或 C_v）求 C_v（或 a_0）; 2. 用适线法，选定准则后，优选 a_0	1. 给定 a_0（或 C_v）求 C_v（或 a_0）; 2. 用适线法，选定准则后，优选 a_0

分布函数	分布要素	
	K-M（柯-闵）分布	L-N（对数正态）分布
密度函数	$\dfrac{\alpha^{\alpha}x^{\frac{\alpha}{b}-1}\exp\left[-\alpha\left(\dfrac{x}{\alpha}\right)^b\right]}{\alpha^{\frac{\alpha}{b}}b\Gamma(\alpha)}$	$\dfrac{\exp\left\{-[\ln(x+b)-\mu]^2/2\sigma_y^2\right\}}{\sqrt{2\pi}\sigma_y(x+b)}$, $y=\ln(x+b)$
约束函数	$f_1(x)=\ln(x)$,　$f_2(x)=x^k$	$f_1(x)=\ln(x+b)$,　$f_2(x)=[\ln(x+b)-\mu]^2$
示性函数及参数计算公式	$G(q)=\ln(q+1)-\Gamma'(q+1)/\Gamma(q+1)$ $=\ln\left[E(x^k)\right]-KE\ln(x),a=q+1$ $\alpha=(\alpha/q)^{1/k},b=\dfrac{1}{K}$, $C_v=\sqrt{\dfrac{\Gamma(\alpha)\Gamma(\alpha+2b)}{\Gamma^2(a+b)}-1}$, $C_s=\dfrac{\dfrac{\Gamma^2(a)\Gamma(\alpha+3b)}{\Gamma^3(a+b)}-1-3C_v^2}{C_v^3}$	$\mu=E[\ln(x+b)]$ $\sigma_y^2=E\left\{[\ln(x+b)-\mu]^2\right\}$ $C_v=(e^{\sigma_y^2}-1)^{1/2}$ $C_s=(e^{3\sigma_y^2}-3e^{\sigma_y^2}+2)/C_v^3$ $b=\dfrac{C_v\bar{x}}{C_s}\left\{\sqrt[3]{1+\dfrac{1}{2}C_s^2+C_s\sqrt{\dfrac{1}{4}C_s^2+1}}\right.$ $\left.+\sqrt[3]{1+\dfrac{1}{2}C_s^2-C_s\sqrt{\dfrac{1}{4}C_s^2+1}}+1\right\}-\bar{x}$
说明	采用适线法优选 K，也可再引进起点 a_0，计算 $G(q)=\ln\left[E(x-a_0)^k\right]-KE\left[\ln(x-a_0)\right]$ 优选 a_0，K	1. 用适线法选 b 值，计算 μ 及 σ_y^2，再求 C_v,C_s 和 ρ，改变 b，至 ρ 最小为止 2. 如 C_v 给定，则迭代求 b

分布函数	分布要素
	G-B（极值）分布
密度函数	$\alpha^{-1}\exp\left(-\dfrac{x-\mu}{\alpha}-\mathrm{e}^{\frac{x-\mu}{\alpha}}\right)$
约束函数	$f_1(x)=\dfrac{x-\mu}{\alpha}$ ， $f_2(x)=\exp\left(-\dfrac{x-\mu}{\alpha}\right)$
示性函数及参数计算公式	1. μ ； 2. 作变换 $Z_i=(x_i-\mu)/\alpha$ ，如 $\bar{Z}\neq C$ 或 $\overline{\exp(-Z)}\neq1$ ，则令 $y=(Z-\theta)/\beta$ ，从 $\bar{Z}=C\beta+\theta$ ，$\overline{\exp(-Z)}=$ $\overline{\exp(-y)}\Gamma(\beta+1)$ 中解 β 、θ ，如 $\beta=1$ 、$\theta=0$ ，则 μ 、α 为所求，不然令 $\alpha_1=\beta\alpha$ ， $\mu=\mu+\alpha\theta$ 重复 2
说明	1. 唯一解； 2. 详见文献[9]

上述方法，可以对不同的预报流量进行分级，并采用最小熵方法确定各个流量量级预报误差分布函数的线型，再根据最大熵原理估计各个分布的参数，进而得到各个流量量级预报误差分布函数的估计，即预报误差的后验概率密度函数。当洪水发生时，可以根据模型预报的流量，采用相应量级预报误差的分布函数，推求预报量的概率描述（概率密度函数的线型及参数），实现洪水概率预报。

8.2　三维误差矩阵法

三维误差矩阵法是由 van Steenbergen 等[2]提出的一种非参数概率预报方法，其通过分析历史预报误差规律，计算不同流量量级、预见期和超过概率的预报误差，建立误差三维矩阵，用以洪水概率预报。误差三维矩阵的三维分别指预报量级、预见期与超过概率。以不同预报量级的误差计算为例，误差矩阵的构建方法可简单描述如下。

根据预报量级对预报误差进行分类，例如，当预报量为水位时，点绘历史预报误差（绝对误差）与预报水位关系，如图 8.2-1 所示[2]。

图 8.2-1 中点据显示不同预报值预报误差的规律不同，例如，预报值较低时预报误差点据较为集中，而高流量时预报误差的点据比较离散。因此，可以将预报误差分为三类：低预报值时的预报误差、中等预报值时的预报误差及高预报值时的预报误差。当然，图 8.2-1 仅仅是个例子，用以说明以预报量级为依据的预报误

差的分类方式，而实际三维误差矩阵的制作，需要相当数量的历史预报误差作为样本数据进行分类操作。

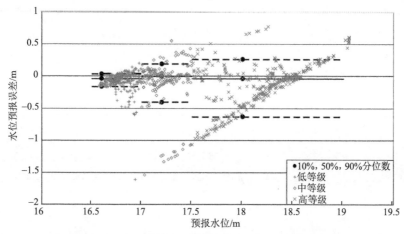

图 8.2-1　历史预报误差（绝对误差）与预报水位关系图

在预报误差分类基础上，对每一类的预报误差进行统计分析，计算相应超过概率。例如，共有 100 个样本构成低预报值时的预报误差，在进行统计分析时，将预报误差由小到大排列，其中排位第 10 位的预报误差即为该类别中超过概率为 10% 的预报误差。同理，可以计算出各类别不同超过概率的预报误差值，也可以基于相同预见期的预报误差样本，分析不同预见期下、不同超过概率的预报误差值，从而建立预见期维度的误差规律。

采用上述方法，可以建立考虑不同预报变量量级、预见期和超过概率的预报误差三维矩阵，如图 8.2-2 所示[2]。

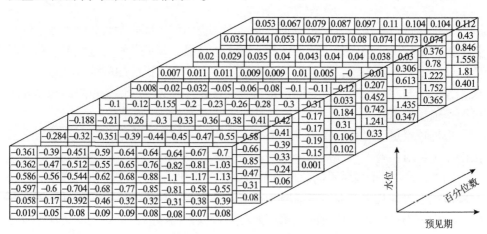

图 8.2-2　三维预报误差矩阵

在应用三维误差矩阵进行洪水概率预报时，已知确定性模型的预报值及其预见期时，在三维误差矩阵中点绘预报值，可以得到数据点在超过概率维度的相应位置，根据该位置前后的超过概率值，线性插值计算该预报值的超过风险，进而实现概率预报。当预报值超出三维矩阵范围时，同样采用线性插值方法进行外延。

三维误差矩阵方法是一种经验性较强的概率预报方法，通过直接分析历史预报样本数据构建误差矩阵，尽可能地减少数学假定及公式拟合，使得概率预报过程更为简洁、实用。

8.3 考虑预报误差异分布的概率预报方法

洪水预报的精度受流量量级大小的影响，不同量级流量对应的预报误差通常是不一样的，为此，梁忠民等[3] 于 2017 年提出了考虑预报误差异分布的概率预报方法，该方法首先对预报误差的异分布性进行分析，量化预测不确定性，在此基础上，采用随机变量函数的概率分布推导方法推求预报量的条件概率分布，实现洪水概率预报。

由于预报模型的输出，即确定性预报耦合了此时所获得的所有信息，因此，预测不确定性可以假定为确定性预报的条件概率分布。若将 Y 和 M 分别记作预报量的真实值和确定性预报值，(Y,M) 代表了至预报时刻所能获取的所有历史信息，则未来 t 时刻预报量 y_t 的预测不确定性可以记作 $f\left(y_t|m_t,Y,M\right)$，其中，$m_t$ 为 t 时刻的确定性预报值。若将预报误差记作

$$\varepsilon = \frac{m-y}{y} \qquad (8.3\text{-}1)$$

式中，m 为确定性预报；y 为预报量的观测值。由于模型预报值在预报时刻是已知量，则 t 时刻预报量 y_t 可以视作预报误差的函数：

$$y_t|m_t = B(\varepsilon_t) \qquad (8.3\text{-}2)$$

预测不确定性表示为

$$f\left(y_t|m_t,Y,M\right) = f\left(B(\varepsilon_t)|Y,M\right) \qquad (8.3\text{-}3)$$

即 $f\left(y_t|m_t,Y,M\right)$ 的计算可以转化为推求误差条件概率函数 $g\left(\varepsilon_t|Y,M\right)$ 问题。假定预报误差的先验分布为正态分布，即

$$\varepsilon \sim N\left(\mu,\sigma^2\right) \tag{8.3-4}$$

式中，μ 为误差先验分布均值；σ 为误差先验分布标准差。大量研究发现，预报误差的分布函数与流量级别密切相关，因此，假定误差的均值、标准差与流量具有函数关系：

$$E(\varepsilon|Y,M)=H(m) \tag{8.3-5}$$

$$\text{Std}(\varepsilon|Y,M)=L(m) \tag{8.3-6}$$

式中，$E(\cdot)$ 为均值函数；$\text{Std}(\cdot)$ 为标准差函数；$H(\cdot)$ 和 $L(\cdot)$ 为函数关系，其具体形式不定。因此，可以推得预报误差的后验分布：

$$g\left(\varepsilon|Y,M\right)=\frac{1}{\sqrt{2\pi L^2(m)}}\exp\left\{-\frac{[\varepsilon-H(m)]^2}{2L^2(m)}\right\} \tag{8.3-7}$$

为了构建误差时间序列的关系，假定预报误差为一阶马尔可夫过程，则

$$\varepsilon_{j+1}=c\varepsilon_j+\Psi \tag{8.3-8}$$

式中，c 为参数；Ψ 为独立于预报误差的残差（均值为 0，标准差为 φ）。因此，推得误差时间序列的均值和标准差为

$$E\left(\varepsilon_{j+1}|\varepsilon_j,Y,M\right)=c\varepsilon_j \tag{8.3-9}$$

$$\text{Std}\left(\varepsilon_{j+1}|\varepsilon_j,Y,M\right)=\varphi \tag{8.3-10}$$

当间隔时段大于 1 时，预报误差的均值和标准差为

$$E\left(\varepsilon_{j+t}|\varepsilon_j,Y,M\right)=c^t\varepsilon_j \tag{8.3-11}$$

$$\text{Std}\left(\varepsilon_{j+t}|\varepsilon_j,Y,M\right)=\sqrt{\frac{1-c^t}{1-c}\varphi^2}=A \tag{8.3-12}$$

因此，基于式（8.3-11）和式（8.3-12）可以推得误差时间序列的转移密度为

$$\gamma\left(\varepsilon_{j+t}|\varepsilon_j,Y,M\right)=\frac{1}{\sqrt{2\pi A^2}}\exp\left[-\frac{(\varepsilon_{j+t}-c^t\varepsilon_j)^2}{2A^2}\right] \tag{8.3-13}$$

通过全概率公式，推得预报误差的条件概率分布为

$$g\left(\varepsilon_{j+t}\big|Y,M\right)=\int_{\Xi_j|Y,M}\gamma\left(\varepsilon_{j+t}\big|\varepsilon_j,Y,M\right)g\left(\varepsilon_j\big|Y,M\right)\mathrm{d}\left(\varepsilon_j\big|Y,M\right)$$

$$=\frac{1}{\sqrt{2\pi D^2}}\exp\left[-\frac{\left(\varepsilon_{j+t}-X\right)^2}{2D^2}\right] \tag{8.3-14}$$

$$D^2=c^{2t}L(m_j)^2+A^2 \tag{8.3-15}$$

$$X=c^t H\left(m_j\right) \tag{8.3-16}$$

结合式（8.3-3）可以推得预报量的条件概率分布为

$$f\left(y_{j+t}\big|m_{j+t},Y,M\right)=g\left(B^{-1}\left(y_{j+t}\right)\big|Y,M\right)\left|\left(B^{-1}\left(y_{j+t}\right)\right)'\right|$$

$$=\frac{m_{j+t}}{y_{j+t}^2\sqrt{2\pi D^2}}\exp\left[-\frac{\left(\dfrac{m_{j+t}}{y_{j+t}}-1-X\right)^2}{2D^2}\right] \tag{8.3-17}$$

式中，D 和 X 与式（8.3-15）、式（8.3-16）含义相同。

8.4　应　用　实　例

8.4.1　信息熵方法估计预报误差分布

选取大伙房水库为研究对象，以 2001～2005 年 9 场洪水过程的确定性预报作为研究数据，采用信息熵方法开展洪水概率预报研究[5]。

首先，计算每场洪水每个时刻的预报误差（相对误差），建立预报入流与相对误差关系图，如图 8.4-1 所示。可以看出，随着流量逐渐增大，预报误差呈现逐渐减少的趋势，这种减少趋势并不是平缓变化的，大约在 1000m³/s 和 4000m³/s 处有两个较明显的突变点。因此，可以将流量分成三个级别，对各级别流量的预报误差进行统计分析，不同流量级别的误差频率直方图如图 8.4-2～图 8.4-4 所示。

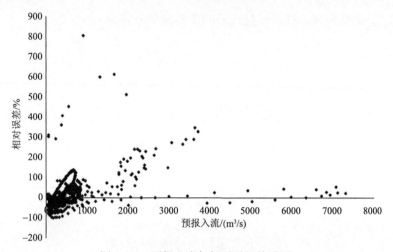

图 8.4-1　预报入流与相对误差关系图

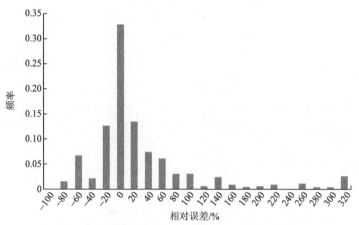

图 8.4-2　预报入流小于 1000m³/s 时相对预报误差分布直方图

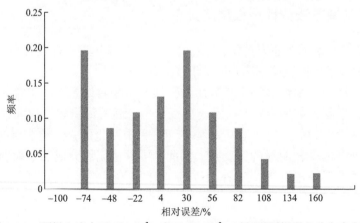

图 8.4-3　预报入流大于 1000m³/s 小于 4000m³/s 时相对预报误差分布直方图

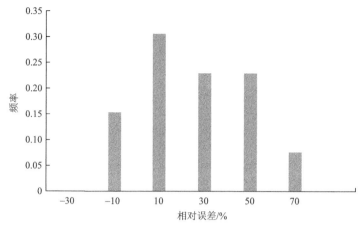

图 8.4-4　预报入流大于 4000m³/s 时相对预报误差分布直方图

1. 最小熵法确定分布线型

假定每个流量级别的预报误差服从某一分布函数，并选取可能的分布函数线型，此处选取正态分布、对数正态分布、P-Ⅲ分布作为可能的分布线型。计算每种线型分布函数的熵值，见表 8.4-1。

表 8.4-1　不同流量级别与不同概率分布函数计算熵值

流量/（m³/s）	熵值		
	正态分布	对数正态分布	P-Ⅲ分布
$Q \leqslant 1000$	0.84	0.20	1.16
$1000 < Q \leqslant 4000$	1.99	2.90	4.04
$Q > 4000$	−0.72	1.02	1.62

在此基础上，基于最小熵原理，确定每一流量级别预报误差的分布线型。由表 8.4-1 可知，预报流量小于 1000m³/s 的预报误差服从对数正态分布；预报流量大于 1000m³/s 的预报误差服从正态分布。

2. 最大熵法估计参数

在确定预报误差分布的基础上，对每一流量级别的预报误差分布，采用最大熵原理估计分布参数。以预报流量小于 1000m³/s 为例，其预报误差服从对数正态分布，采用不同的参数值拟合预报误差分布时，离差绝对值和的结果见表 8.4-2。

表 8.4-2　不同 *b* 值对应离差绝对值和

b 值	离差绝对值和	*b* 值	离差绝对值和
1.00	29.74	1.23	27.78
1.10	28.03	1.24	27.97
1.20	27.89	1.30	28.34
1.22	27.88	1.40	29.14

从表 8.4-2 可以看出,离差绝对值和的最小值为 27.78,对应的 $b=1.23$,$u=0.22$,$\sigma_y^2=0.24$。同时采用经验适线法估计参数:$b=0.9$,$u=-0.16$,$\sigma_y^2=0.56$,对应的离差绝对值为 34.37。两者结果相比,显然采用最大熵法进行参数估计效果更好。不同流量级别预报相对误差参数估计值见表 8.4-3。

表 8.4-3　不同流量级别预报相对误差参数估计值

预报流量/ (m^3/s)	分布线型	参数		
$Q \leqslant 1000$	对数正态分布	$b=1.23$	$u=0.22$	$\sigma_y^2=0.24$
$1000 < Q \leqslant 4000$	正态分布	$\bar{x}=0.22$	$\sigma^2=1.01$	
$Q > 4000$	正态分布	$\bar{x}=-0.09$	$\sigma^2=0.04$	

8.4.2　考虑预报误差异分布的概率预报方法应用实例

以淮河干流润河集断面为研究对象,开展考虑误差异分布分析的洪水概率预报研究[3]。首先采用 MIKE11 模型对润河集断面流量进行确定性预报,预见期为 2h。在 MIKE11 模型配置中,以上游王家坝断面预报流量过程(新安江模型预报)为上边界;以上游支流蒋集预报流量过程[以 AR(1)模型预报]为侧向入流;以下游鲁台子断面的水位流量关系为下边界条件。此外,以下游支流阜阳闸和横排头水利工程的下泄流量为侧向入流,以保证水量平衡。润河集断面控制流域面积大于 40000 km^2,其中王家坝、蒋集以下控制面积 3810 km^2。

选取润河集断面 1990～2005 年 16 场洪水预报过程进行预报误差异分布分析,在此基础上,对 2006～2010 年 8 场洪水开展考虑预报误差异分布的洪水概率预报研究。

1. 预报误差异分布分析

对不同预报值预报误差的分布函数进行分析,点绘预报误差-预报流量关系图,如图 8.4-5 所示。

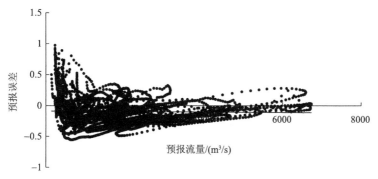

图 8.4-5 预报误差-预报流量关系图

由图 8.4-5 可知，大部分预报误差点据分布在–0.5%～0.5%，同时，不同预报值时预报误差点据的分散程度不同：预报流量值较小时，预报误差点据分布离散，数值变幅较大；而预报流量值较大时，预报误差点据分布相对集中。为了更好地研究预报误差的变化规律，对不同预报流量时预报误差的均值和方差进行分析，预报误差均值-预报流量关系如图 8.4-6 所示，预报误差方差-预报流量关系如图 8.4-7 所示。

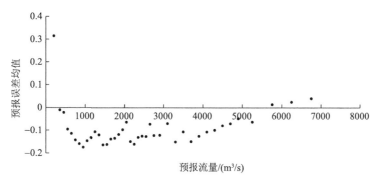

图 8.4-6 预报误差均值-预报流量关系图

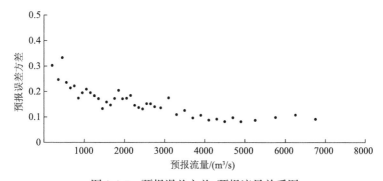

图 8.4-7 预报误差方差-预报流量关系图

由图 8.4-6 可知, 随着预报流量的增大, 预报误差的均值可以分为三个变化阶段: ①误差均值随着预报流量的增加而剧烈减小; ②随着流量值的继续增加, 误差均值在−0.1%上下波动; ③当预报流量值达到 4000m³/s 时, 误差均值随预报流量增加呈现增长趋势。总体而言, 误差均值的三个变化阶段都可以概括为线性变化: 在高预报流量和低预报流量段, 均可以采用线性函数进行拟合; 在中预报流量段, 可以计算误差均值的均值, 并假定误差均值在该流量区间范围内保持不变。由此, 可以得到预报误差均值-预报流量关系的拟合图, 如图 8.4-8 所示。

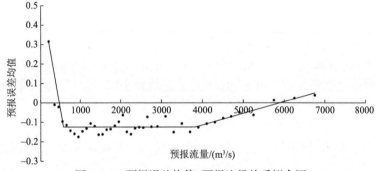

图 8.4-8　预报误差均值-预报流量关系拟合图

图 8.4-8 中, 误差均值的变化在预报流量 574 m³/s 和 3820 m³/s 处进行分段, 其中低预报流量段 (预报流量小于 574 m³/s) 相关系数为 0.92; 高预报流量段 (预报流量大于 3820 m³/s) 为 0.98; 中预报流量 (预报流量介于 574 m³/s 和 3820 m³/s) 时, 误差均值保持−0.124%不变。各段具体拟合公式如下:

$$\begin{cases} \mu = -0.001m + 0.550 & 0 < m \leqslant 574 \\ \mu = -0.124 & 574 < m \leqslant 3820 \\ \mu = 6 \times 10^{-5}m - 0.354 & m > 3820 \end{cases} \quad (8.4\text{-}1)$$

由图 8.4-7 可知, 随着预报流量的增大, 误差方差呈现减小趋势, 并且由最初的剧烈减小, 慢慢变为缓慢减小。采用指数函数对误差方差的变化趋势进行拟合, 如图 8.4-9 所示。

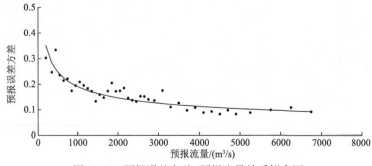

图 8.4-9　预报误差方差-预报流量关系拟合图

具体采用的拟合函数如下：

$$\delta = 2.601 m^{-0.378} \qquad (8.4\text{-}2)$$

由式（8.4-1）和式（8.4-2）可以刻画预报误差均值和方差随预报流量的变化规律，鉴于预报误差的正态假定，可以推得预报误差的概率密度函数为

$$
\begin{cases}
g\left(\varepsilon|Y,M\right) = \dfrac{1}{\sqrt{5.201\pi m^{-0.378}}} \exp\left[-\dfrac{\left(\varepsilon + 0.001m - 0.550\right)^2}{5.201 m^{-0.378}}\right] & 0 < m \leqslant 574 \\[3mm]
g\left(\varepsilon|Y,M\right) = \dfrac{1}{\sqrt{5.201\pi m^{-0.378}}} \exp\left[-\dfrac{\left(\varepsilon + 0.124\right)^2}{5.201 m^{-0.378}}\right] & 574 < m \leqslant 3820 \quad (8.4\text{-}3) \\[3mm]
g\left(\varepsilon|Y,M\right) = \dfrac{1}{\sqrt{5.201\pi m^{-0.378}}} \exp\left[-\dfrac{\left(\varepsilon - 6\times10^{-5}m + 0.354\right)^2}{5.201 m^{-0.378}}\right] & m > 3820
\end{cases}
$$

另外，为了估计式（8.3-8）中的参数 c，点绘前后时段预报误差关系，如图 8.4-10 所示。

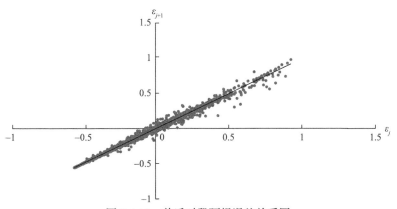

图 8.4-10　前后时段预报误差关系图

通过最小二乘法，估计得到前后时段预报误差的相关系数为 0.9883，即 $c = 0.9883$，同时，可以计算式（8.3-8）中的残差标准差，$\varphi = 0.02$。由此，可以估计式（8.3-17），推求预报量的条件概率分布。

2. 预报不确定性估计及概率预报

采用式（8.3-17）对 2006～2010 年 8 场洪水过程进行概率预报，并对不同置信区间预报结果进行分析（90%、80% 和 70% 置信度），区间预报覆盖率 CR 结果对比见表 8.4-4。

表 8.4-4 　8 场洪水置信度 90%～70%的区间预报覆盖率 CR 对比

洪号	置信度 90%的区间预报 CR/%	置信度 80%的区间预报 CR/%	置信度 70%的区间预报 CR/%
20060630	99	96	81
20060722	94	85	79
20070704	95	79	54
20080816	88	85	78
20090524	95	87	64
20090722	79	71	54
20100717	77	75	73
20120907	85	61	53
平均值	89	80	67
最小值	77	61	53
最大值	99	96	81

　　由表 8.4-4 可知，8 场洪水置信度 90%的区间预报 CR 在 77%～99%，平均 CR 为 89%；置信度 80%的区间预报 CR 在 61%～96%，平均 CR 为 80%；置信度为 70%时，平均 CR 减小至 67%。可见，随着置信度的减小区间预报 CR 不断减小。以其中 No. 20060627 和 No. 20070702 洪水为例，其 70%、80%、90%置信区间预报结果如图 8.4-11 和图 8.4-12 所示。

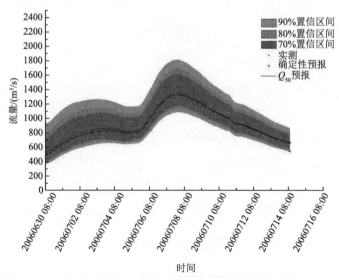

图 8.4-11　20060627 洪水区间预报过程图

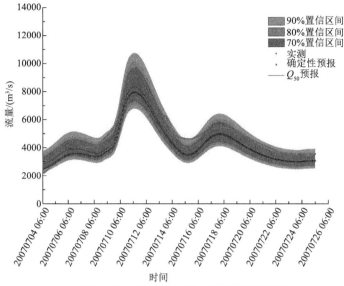

图 8.4-12　20070702 洪水区间预报过程图

3. 考虑误差异分布的必要性试验

为了验证考虑误差异分布特征对提高概率预报可靠度的必要性，设计了一个对比分析试验：在不考虑误差异分布条件下，同样对上述 8 场洪水进行不确定性分析及概率预报，并与上述计算结果进行对比。

在对比试验中，仍然对预报误差进行正态分布假定，同时假定误差均值、方差不随预报流量变化。通过 16 场历史洪水数据，估计预报误差的分布函数，对相同的 8 场洪水进行概率预报。采用区间预报的平均相对带宽 RB 作为预报结果的衡量指标，RB 越小，误差分布的离散度越小，预报能力越强。8 场洪水 RB 对比结果如图 8.4-13 所示。

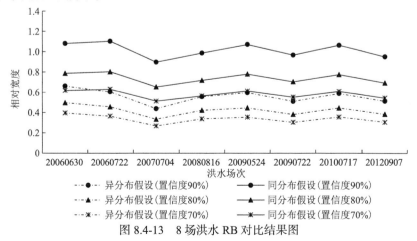

图 8.4-13　8 场洪水 RB 对比结果图

　　由图 8.4-13 可知，置信度为 90%时，8 场洪水考虑误差异分布的区间预报 RB 取值范围为 0.4～0.8，平均 RB 为 0.56；而不考虑误差异分布的区间预报 RB 取值范围为 0.8～1.2，均值为 1.02。当置信度为 80%和 70%时，区间预报的 RB 具有类似的对比结果。综上所述，考虑误差异分布的区间预报 RB 更小，说明考虑误差异分布时，预报量的条件概率分布更为集中，预报能力更好。

参 考 文 献

[1] 王晶晶, 梁忠民, 王辉. 基于熵法的入流预报误差规律研究. 水电能源科学, 2010, 28(7): 12-14.

[2] van Steenbergen N, Ronsyn J, Willems P. A non-parametric data-based approach for probabilistic flood forecasting in support of uncertainty communication. Environmental Modelling & Software, 2012, 33: 92-105.

[3] 梁忠民, 蒋晓蕾, 钱名开, 等. 考虑误差异分布的洪水概率预报方法研究. 水力发电学报, 2017, 36(4): 18-25.

[4] 王栋. 熵及其在水系统中的研究与应用. 南京: 河海大学, 2001.

[5] 王晶晶. 水库汛限水位动态控制及风险分析研究. 南京: 河海大学, 2011.

[6] 黄克中, 张金阳. 水文频率线型选优的最小信息熵准则. 中山大学学报(自然科学版), 1996(S1): 12-18.

[7] 刁艳芳, 王本德, 刘冀. 基于最大熵原理方法的洪水预报误差分布研究. 水利学报, 2007(5): 591-595.

[8] 李元章, 丛树铮. 熵及其在水文频率计算中的应用. 水文, 1985(1): 22-26.

[9] Jowitt P W. The extreme-value type-1 distribution and principle of maximum entropy. Journal of Hydrology, 1979, 42: 23-38.

第9章　实时洪水风险评估方法研究

基于洪水概率预报模型,可获得任一给定时刻洪水流量的概率预报分布函数;通过断面处的水位-流量关系曲线可计算超警戒水位对应的风险率值大小。水位-流量关系受诸多因素影响,导致不同场次洪水水位与流量之间的相关关系并非严格一一对应,如同一个水位,在不同场次洪水中对应的流量值大小通常不同,这也导致水位-流量关系曲线本身存在不确定性,使得通过警戒水位推求安全泄量存在不确定性,进而导致风险计算存在不确定性。本章讨论过流能力不确定性描述问题及如何在综合考虑洪水预报不确定性(荷载)与过流能力不确定性(抗力)基础上进行防洪风险的实时评估计算问题,其涉及洪水概率预报分布函数描述、过流能力不确定性量化及洪水概率预报分布和过流能力分布函数间的联合分布模型构建及求解。

9.1　洪水流量概率预报分布函数

对于任一给定时刻,基于洪水概率预报模型,原则上都可以获得其对应的洪水流量概率预报分布函数 $F(Q)$。然而实际应用过程中,由于概率预报分布函数本身的复杂性及难求解性,通常需要将实际洪水样本系列转化到正态空间进行处理,在正态空间中计算不同分位点预报值,如 5%或 95%分位点预报,最后将正态空间提供的分位点预报值还原到原始空间,可实现不同分位点水平下的概率预报,但很难获得显式表达连续概率预报分布函数。在无法获得概率预报分布显示表示方程情况下,可根据不同分位点预报值数据近似反求预报的连续性概率分布函数。以对数韦布尔分布函数描述的洪水流量的概率预报分布函数为例,其概率密度函数为

$$f(x) = \frac{\beta}{\alpha(x-\gamma+1)}\left[\frac{\ln(x-\gamma+1)}{\alpha}\right]^{\beta-1}\exp\left\{-\left[\frac{\ln(x-\gamma+1)}{\alpha}\right]^{\beta}\right\} \quad (9.1\text{-}1)$$

$$F(x) = 1-\exp\left\{-\left[\frac{\ln(x-\gamma+1)}{\alpha}\right]^{\beta}\right\} \quad (9.1\text{-}2)$$

式中,α、β 和 γ 为待定的三个参数。

对于给定流量值 Q_0 ，其对应的不超过概率 P 可表示为

$$P(Q < Q_0) = F(Q_0) \tag{9.1-3}$$

对于给定时刻 t ，根据洪水概率预报模型提供的不同分位点预报结果，如 5%、50%和95%分位点预报结果 Q_5 、 Q_{50} 和 Q_{95} ，建立联合方程，即

$$\begin{cases} 0.05 = F(Q_5) \\ 0.5 = F(Q_{50}) \\ 0.95 = F(Q_{95}) \end{cases} \tag{9.1-4}$$

通过求解式（9.1-4），可获得对数韦布尔分布函数中对应的三个参数，即获得任一给定时刻的洪水概率预报分布函数，如图 9.1-1 所示。

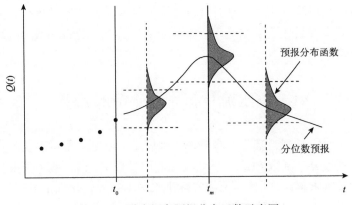

图 9.1-1　洪水概率预报分布函数示意图

9.2　过流能力不确定性描述

影响给定水位对应过流能力（ R ）的要素众多，这些要素的共同作用导致过流能力存在不确定性。可采用正态分布函数对其进行定量描述，正态概率密度函数可表示如下：

$$f(r) = \frac{1}{\sqrt{2\pi}\sigma} \exp\left(-\frac{(r-\mu)^2}{2\sigma^2}\right) \tag{9.2-1}$$

式中， μ 为过流能力 R 的均值； σ 为过流能力 R 的标准差。

过流能力 R 的正态累积分布函数可表示为

$$F(r) = \int_{-\infty}^{r} f(r)\mathrm{d}r \tag{9.2-2}$$

正态分布函数的取值范围可以从负无穷到正无穷，但事实上，考虑警戒水位对应的过流能力并不是无限的，而是介于合理有限的范围之内，为此，可进一步采用截尾正态分布函数来描述过流能力的不确定性。基于截尾正态概率密度函数表示的过流能力可表示为

$$f(r,a,b) = \frac{\dfrac{1}{\sigma}\phi\left(\dfrac{r-\mu}{\sigma}\right)}{\varPhi\left(\dfrac{b-\mu}{\sigma}\right) - \varPhi\left(\dfrac{a-\mu}{\sigma}\right)} \tag{9.2-3}$$

式中，a 为下截尾；b 为上截尾；$\phi(\cdot)$ 为标准正态分布的概率密度函数；$\varPhi(\cdot)$ 为标准正态分布函数的累积分布函数。

过流能力 R 的截尾正态累积分布函数可表示为

$$F(r) = \int_{a}^{b} f(r,a,b)\mathrm{d}r \tag{9.2-4}$$

式（9.2-3）和式（9.2-4）中有关参数的确定，可根据水位-流量关系曲线及其上包线和下包线的范围进行估计，基于水位-流量关系曲线推求的流量值可作为过流能力的均值 μ；通过上包线和下包线对应的流量值及均值 μ 可反求标准差 σ。

根据正态分布函数性质可知：

$$P(\mu - 4\sigma < x < \mu + 4\sigma) = \int_{\mu-4\sigma}^{\mu+4\sigma} f(x)\mathrm{d}x \approx 0.9999 \tag{9.2-5}$$

由于将上包线和下包线对应的流量值 Q_S 和 Q_X 作为过流能力的有效边界值，为此，应尽可能地使过流能力的分布函数限制在上包线和下包线对应的流量值区间 $[Q_X, Q_S]$ 内，为此，可使

$$\begin{aligned}\mu - 4\sigma &= Q_X \\ \mu + 4\sigma &= Q_S\end{aligned} \tag{9.2-6}$$

通过上式可对过流能力分布中的标准差 σ 进行综合确定。若基于上包线和下包线流量值计算的 σ 有差异，则可取其均值作为 σ 的估计值。

9.3　综合考虑洪水预报与过流能力不确定性的防洪风险计算

在综合考虑洪水流量预报不确定性（荷载 Q）与过流能力不确定性（抗力 R）基础上，防洪风险率的计算可采用下式[1]：

$$P_f = P(Q > R) = \int_a^b\!\!\int_c^d f_{q,r}(q,r)\mathrm{d}q\mathrm{d}r \tag{9.3-1}$$

式中，$f_{q,r}(q,r)$ 为预报流量和过水能力的联合概率密度函数，如图 9.3-1 所示。

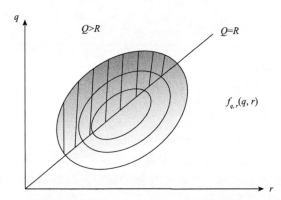

图 9.3-1　预报流量（Q）和过水能力（R）的联合概率密度函数

若洪水流量（Q）预报概率分布与过流能力（R）分布之间是相互独立的，则上式可进一步表示为

$$P_f = P(Q > R) = \int_a^b f_q(q)\left[\int_c^d f_r(r)\mathrm{d}r\right]\mathrm{d}q \tag{9.3-2}$$

式中，$f_q(q)$ 和 $f_r(r)$ 分别为预报流量和过水能力（流量）的概率密度函数。

任一时刻 t 的超警戒水位 H_W（流量 Q_H）的风险 P_t 可表示为

$$P_t = F_t(Q > Q_H) \tag{9.3-3}$$

式中，$F_t(\cdot)$ 为 t 时刻的洪水流量概率预报分布函数；Q_H 为警戒水位 H_W 对应的安全泄量。

通过式（9.3-2）直接积分求解风险率，对于预报概率分布和过流能力分布函数简单且联合分布函数具有显式表达的函数时是可行的，如预报概率分布函数和过流能力概率分布函数是正态分布时，其联合分布函数也是正态的，此时就容易通过直接积分法计算出风险率值。但是实际应用过程中，由于变量的分布函数通常不是正态分布或很难显式表达及求解，直接积分法就很难应用。为此，可采用一次二阶矩法、JC 法进行求解。这两类方法都是通过构建功能变量 $Z = R - Q$，将二维积分转化为以求功能变量 Z 的一维积分，并假定 Z 服从正态分布或近似正态分布进行求解的[2,3]。随着 Copula 多维联合分布理论的发展，可构建基于 Copula 函数的预报流量和过水能力的联合概率密度函数。相比于一次二阶矩法和 JC 法对正态分布假定的依赖而言，基于 Copula 理论的联合分布函数模型，可适用于流量预报概率分布和过流能力分布函数为任意分布函数类型情况，更具优越性。

9.3.1　一次二阶矩法

一次二阶矩法是采用 Taylor 公式将功能函数展开，并近似成线性（展开成一次，二次以上项忽略），进而求出功能变量 $Z = R - Q$ 的均值和标准差。它是一种常用计算系统风险或部分风险的方法。该方法综合考虑影响系统风险的诸多因素，结合事故树或事件树等方法，可以估算出系统的总风险。由于系统风险影响因素的复杂性，很难知晓每个随机变量的概率分布，给风险率的计算带来一定的困难。一次二阶矩法只需获得每个随机变量的均值和标准差，而不需要其具体的概率分布函数类型，有效地解决了对概率分布函数类型的依赖问题。

一次二阶矩法通常情况下可分为均值一次二阶矩法（MFOSM）和改进的一次二阶矩法（AFOSM），下面分别介绍这两种方法的计算步骤。

1. 均值一次二阶矩法[4]

定义 Z 为功能变量，Z 关于抗力和荷载变量的函数为

$$Z = R - Q = g(\overline{X}_i) \qquad i = 1, 2, \cdots, m \qquad (9.3\text{-}4)$$

式中，R 为过流能力（抗力）；Q 为预报流量（外来荷载）。

功能变量 Z 按随机变量 X_i 的均值 $\overline{x}_i$ 展开成 Taylor 级数，并只取其一次项，可得

$$Z \approx g(\overline{X}_i) + \sum_{i=1}^{m}(X_i - \overline{x}_i)\frac{\partial g}{\partial X_i} \qquad (9.3\text{-}5)$$

取上式中 Z 的第一阶矩和第二阶矩，并略去高于二次的项得

$$u_Z \approx \overline{Z} \approx g(\overline{X}_i) \qquad (9.3\text{-}6)$$

$$\sigma_Z = \left[\sum_{i=1}^{m} \left(c_i \sigma_i \right)^2 \right]^{\frac{1}{2}} \qquad (9.3\text{-}7)$$

式中，c_i 为偏导数 $\partial g / \partial X_i$ 在 $\overline{x}_1, \overline{x}_2, \cdots, \overline{x}_m$ 处的值。

当 Z 服从正态分布时，则风险率表达式如下：

$$P_f = P(Z < 0) = \Phi(-\beta) = 1 - \Phi(\beta) \qquad (9.3\text{-}8)$$

式中，β 为可靠度指标，可用功能变量的均值和标准差的比值来表示，即 $\beta = u_Z / \sigma_Z$。式（9.3-8）可进一步表示为

$$P_f = 1 - \Phi(\beta) = 1 - \Phi\left(\frac{u_Z}{\sigma_Z} \right) \qquad (9.3\text{-}9)$$

2. 改进的一次二阶矩法[2,4]

均值一次二阶矩法的一个重要假设是系统在各变量的均值点处发生失效或破坏，但是大量结构失效研究表明，系统失效一般不发生在各影响因素的均值点处，而是发生在某种临界状态点处，通常将该失效点称为设计验算点，如图 9.3-2 所示。

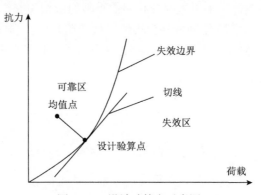

图 9.3-2　设计验算点示意图

然而，设计验算点的确定并非易事，因为事先很难知道系统发生失效或破坏的位置，一般通过迭代法来确定设计验算点。假设各随机变量 X_i 相互独立，基于迭代法确定设计验算点，在此基础上进行一次二阶矩计算，过程如下。

假设 x_i^* 为设计验算点，则将功能变量 Z 在 x_i^* 处一阶 Taylor 阶数展开，求得 Z 的期望值和标准差的近似值，可表示为

$$u_Z \approx g(x_i^*) + \sum_{i=1}^{m} c_i (\overline{x}_i - x_i^*) \qquad (9.3\text{-}10)$$

$$\sigma_Z \approx [\sum_{i=1}^{m} (c_i \sigma_i)^2]^{\frac{1}{2}} \qquad （9.3\text{-}11）$$

式中，c_i 为偏导数 $\partial g / \partial X_i$ 在 $\overline{x}_1, \overline{x}_2, \cdots, \overline{x}_m$ 处的值，下同。

σ_Z 可以用线性化形式表示，即

$$\sigma_Z = \sum_{i=1}^{m} \alpha_i c_i \sigma_i \qquad （9.3\text{-}12）$$

式中，α_i 为灵敏度系数，可用下式计算：

$$\alpha_i = \frac{c_i \sigma_i}{[\sum_{j=1}^{m} (c_j \sigma_j)^2]^{\frac{1}{2}}} \qquad （9.3\text{-}13）$$

当计算得到均值 u_Z 和标准差 σ_Z 时，则可计算可靠度指标 β：

$$\beta = \frac{u_Z}{\sigma_Z} = \frac{g(x_i^*) + \sum_{i=1}^{m} c_i (\overline{x}_i - x_i^*)}{\sum_{i=1}^{m} \alpha_i c_i \sigma_i} \qquad （9.3\text{-}14）$$

如果 x_i^* 在失事面上，则

$$g(x_i^*) = 0 \qquad （9.3\text{-}15）$$

将式（9.3-15）代入式（9.3-14）中，可得设计验算点 x_i^*，即

$$x_i^* = \overline{x}_i - \alpha_i \beta \sigma_i \qquad （9.3\text{-}16）$$

由式（9.3-14）～式（9.3-16）确定设计验算点 x_i^* 需要用迭代法，直至前后两次计算的 x_i^* 误差在可控制范围。

当 Z 服从正态分布时，则风险率表达式如下：

$$P_f = 1 - \Phi(\beta) = 1 - \Phi(\frac{u_Z}{\sigma_Z}) \qquad （9.3\text{-}17）$$

9.3.2　JC 法

当系统随机变量不符合正态分布函数时，一次二阶矩法就不再适用，而是采用国际结构安全性联合委员会（JCSS）推荐的 JC 法。目前 JC 法已广泛用于诸多

领域，如设计洪水、水库防洪、水力设计等。JC 法基本原理是将随机变量 x_i 原来的非正态分布正态化，但并不是将 x 的分布完全转化成正态分布，而只要求在设计验算点 x_i^* 处，使原来的累计概率分布函数（CDF）和概率密度函数（PDF）与相应正态分布的 CDF 和 PDF 在该点的值相等[2,5]，如图 9.3-3 所示。

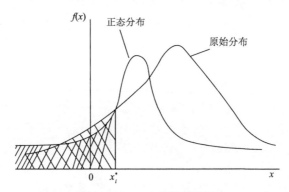

图 9.3-3　　JC 法等效示意图

JC 法首要的任务是将非正态变量正态化，当等效正态分布的均值和标准差确定后，即可按照改进一次二阶矩法类似步骤进行求解。等效正态分布的均值和标准差的具体步骤如下。

根据 JC 法的基本原理，在验算点 x_i^* 处，转化得到等效正态分布的 CDF 的数值、PDF 的数值和原始非正态分布的对应数值相同，即

$$F_{X_i}(x_i^*) = \Phi\left(\frac{x_i^* - u_{X_i}}{\sigma_{X_i}}\right) \tag{9.3-18}$$

$$f_{X_i}(x_i^*) = \varphi\left(\frac{x_i^* - u_{X_i}}{\sigma_{X_i}}\right) \cdot \frac{1}{\sigma_{X_i}} \tag{9.3-19}$$

式中，$\Phi(\cdot)$ 和 $\varphi(\cdot)$ 分别为标准正态分布的 CDF 和 PDF。

根据式（9.3-18）和式（9.3-19），可推导出等效正态分布的均值 u_{X_i} 和标准差 σ_{X_i}：

$$\sigma_{X_i} = \varphi[\Phi^{-1}(F_{X_i}(x_i^*))] / f_{X_i}(x_i^*) \tag{9.3-20}$$

$$u_{X_i} = x_i^* - \sigma_{X_i}\Phi^{-1}[F_{X_i}(x_i^*)] \tag{9.3-21}$$

式中，$F_{X_i}(\cdot)$ 和 $f_{X_i}(\cdot)$ 分别为变量 X_i 在 x_i^* 处的 CDF 和 PDF。

当计算得到等效正态分布的均值 u_{X_i} 和标准差 σ_{X_i} 后，即可根据与改进的一次

二阶矩法相似的步骤来计算失事风险率。

9.3.3　Copula 多维联合分布法

Copula 多维联合分布方法是通过 Copula 函数描述变量之间的相关结构，将具有相关关系的变量边缘分布连接起来，从而建立起不同变量之间的联合分布模型[6,7]。与传统的相关分析方法一般只考虑变量间的线性相关不同，它也可以考虑变量之间的非线性相关关系。在处理方法上，它将变量之间的联合分布分解为变量的相关结构和边缘分布两个相互独立的部分分开处理，从而有效解决多元变量复杂分布的计算问题，使得诸如联合分布、条件分布等的计算变得简单而实用，在水文中得到广泛应用与研究。

以两个变量为例：设 X、Y 为连续的随机变量，其边缘分布函数分别为 $F_X(x)$ 和 $F_Y(y)$，联合分布函数为 $F(x,y)$，令 $u=F_X(X)$ 和 $v=F_Y(y)$；若 $F_X(x)$ 和 $F_Y(y)$ 为连续函数，则存在唯一的 Copula 函数 $C_\theta(u,v)$ 使得

$$F(x,y)=C_\theta\big(F_X(x),F_Y(y)\big)\qquad \forall x,y \qquad (9.3\text{-}22)$$

式中，$C_\theta(u,v)$ 为 Copula 函数；θ 为待定参数。

若 $F(x,y)$ 为具有边缘分布函数 $F_X(x)$ 和 $F_Y(y)$ 的联合分布函数，$C_\theta(u,v)$ 为相应的 Copula 函数，$F_X^{-1}(x)$ 和 $F_Y^{-1}(y)$ 分别为 $F_X(x)$ 和 $F_Y(y)$ 的逆函数，那么，对于函数 $C_\theta(u,v)$ 定义域内的任意 (u,v) 值，均有

$$C_\theta(u,v)=H(F_X^{-1}(u),F_y^{-1}(v)) \qquad (9.3\text{-}23)$$

式中，$u=F_X(x)$，$v=F_Y(y)$。

根据式（9.3-22）和式（9.3-23），不仅可以通过边缘分布函数和一个连接它们的 Copula 函数构造联合分布函数，还可以利用分布函数的逆分布和联合分布函数，求出相应的 Copula 函数。

令 $C_\theta(u,v)$ 为一个二元 Copula 函数，那么对于任意的 $v\in[0,1]$，偏微分方程 $\dfrac{\partial C_\theta(u,v)}{\partial u}$ 对几乎所有的 u 都存在，并且满足

$$0\leqslant \frac{\partial C_\theta(u,v)}{\partial u}\leqslant 1 \qquad (9.3\text{-}24)$$

同样，对于任意的 $u\in[0,1]$，偏微分方程 $\dfrac{\partial C_\theta(u,v)}{\partial v}$ 对几乎所有的 v 都存在，并且满足

$$0 \leqslant \frac{\partial C_\theta(u,v)}{\partial v} \leqslant 1 \tag{9.3-25}$$

此外，关于 v 的函数 $C_u(v) = \dfrac{\partial C_\theta(u,v)}{\partial u}$ 和关于 u 的函数 $C_v(u) = \dfrac{\partial C_\theta(u,v)}{\partial v}$ 在区间 [0，1]内几乎处处非减，且 $C_u(v)$ 和 $C_v(u)$ 均服从[0，1]均匀分布。

水文领域中用于研究多变量相依关系的 Copula 函数主要采用 Clayton-Copula 函数、Frank-Copula 函数、Gumbel-Copula 函数及 Normal-Copula 函数。

（1）二维正态 Copula 函数：

$$C(u,v) = \int_{-\infty}^{\Phi^{-1}(u)} \int_{-\infty}^{\Phi^{-1}(v)} \frac{1}{2\pi\sqrt{1-\theta^2}} \exp\left[\frac{-(r^2+s^2-2\theta rs)}{2(1-\theta^2)}\right] \mathrm{d}r\mathrm{d}s \tag{9.3-26}$$

其中，结构参数 θ 与 Kendall 秩相关系数 τ 存在如下关系：

$$\tau = \frac{2\arcsin\theta}{\pi} \tag{9.3-27}$$

（2）Gumbel-Copula 函数：

$$C(u,v) = \exp\left\{-\left[(-\ln u)^\theta + (-\ln v)^\theta\right]^{\frac{1}{\theta}}\right\} \qquad \theta \in [1,\infty) \tag{9.3-28}$$

其中，结构参数 θ 与 Kendall 秩相关系数 τ 存在如下关系：

$$\tau = 1 - \frac{1}{\theta} \tag{9.3-29}$$

（3）Clayton-Copula 函数：

$$C(u,v) = (u^{-\theta} + v^{-\theta} - 1)^{-\frac{1}{\theta}} \qquad \theta \in (0,\infty) \tag{9.3-30}$$

其中，结构参数 θ 与 Kendall 秩相关系数 τ 存在如下关系：

$$\tau = \frac{\theta}{\theta+2} \tag{9.3-31}$$

（4）Frank-Copula 函数：

$$C(u,v) = -\frac{1}{\theta}\ln\left[1 + \frac{(\mathrm{e}^{-\theta u}-1)(\mathrm{e}^{-\theta v}-1)}{(\mathrm{e}^{-\theta}-1)}\right] \qquad \theta \in R \tag{9.3-32}$$

其中，结构参数 θ 与 Kendall 秩相关系数 τ 存在如下关系：

$$\tau = 1 + \frac{4}{\theta}\left(\frac{1}{\theta}\int_0^\theta \frac{t}{e^t-1}dt - 1\right) \qquad \theta \neq 0 \qquad （9.3\text{-}33）$$

二元正态 Copula 和 Frank-Copula 函数适合于具有对称尾部，并且尾部渐进独立的二维随机变量；二元 Gumbel-Copula 函数适合于具有非对称尾部，并且上尾相关、下尾渐进独立的二维随机变量；二元 Clayton-Copula 函数适合于具有非对称尾部，并且下尾相关、上尾渐进独立的二维随机变量。

9.4　应　用　实　例

基于上述的防洪风险计算方法，分析了王家坝断面 2007 年 7 月 1 日～8 月 1 日（记为 20070701 号洪水）和 2017 年 7 月 9～15 日（记为 20170709 号洪水）两场洪水的风险情况。

图 9.4-1 和图 9.4-2 分别给出了王家坝断面 2007 年 7 月 1 日～8 月 1 日洪水流量概率预报结果。从图中可以看出，概率预报模型提供了较好的预报结果，概率预报的均值（Q_{50}）与实测流量较为接近，且实测流量几乎均落在预报的 90% 置信区间（$[Q_5, Q_{95}]$）内，详细的精度统计结果见表 9.4-1。

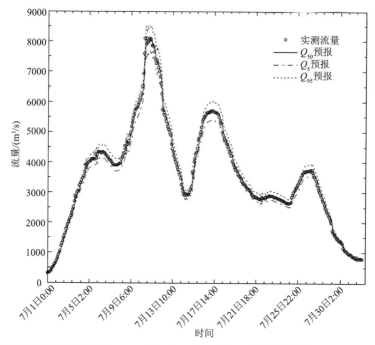

图 9.4-1　王家坝断面 2007 年 7 月 1 日～8 月 1 日洪水流量概率预报结果

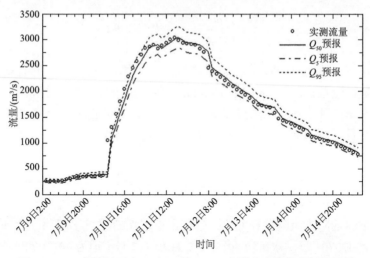

图 9.4-2   王家坝断面 2017 年 7 月 9～15 日洪水流量概率预报结果

表 9.4-1   王家坝两场洪水流量的概率预报精度统计表（Δ*t*=2h）

洪号	实测洪峰/（m³/s）	置信度90%的预报区间	覆盖率 CR/%	离散度 DI	Q_{50}洪峰预报/（m³/s）	Q_{50}洪峰误差/%	Q_{50}确定性系数
20070701	8100	[7670，8530]	92.84	0.08	8090	0.12	0.98
20170709	3050	[2850，3260]	90.79	0.19	3045	0.16	0.98

根据王家坝断面的水位-流量关系曲线及 2003～2017 年调查的洪峰水位与流量数据，估计得到 27.5m 警戒水位对应流量值为 2710m³/s；结合式（9.2-6）初步估计出流量的标准差 $\sigma=140$，即认为 27.5m 警戒水位对应泄流量的有效上下界为 [2125，3253]，进而可获得描述 27.5m 警戒水位对应的过流能力不确定性分布函数为

$$f(Q) = \frac{\dfrac{1}{\sigma}\phi\left(\dfrac{Q-2710}{140}\right)}{\Phi\left(\dfrac{3253-2710}{140}\right) - \Phi\left(\dfrac{2125-2710}{140}\right)} \tag{9.4-1}$$

式中，$\phi(\cdot)$ 为标准正态分布的概率密度函数；$\Phi(\cdot)$ 为标准正态分布函数的累积分布函数。

考虑二元 Gumbel-Copula 函数适合于具有非对称尾部，并且上尾相关、下尾渐进独立的二维随机变量，其更容易获得极端洪水事件与极限过水能力间的相关关系，为此，选取 Gumbel-Copula 构建王家坝洪水预报不确定性（荷载）与过流能力不确定性（抗力）联合分布函数，在此基础上计算防洪风险。关于

Gumbel-Copula 函数中的结构参数，根据经验，认为洪水流量概率预报分布与过流能力分布之间存在弱相关特征，为此本例中假定 Gumbel-Copula 的结构参数 $\theta=1.25$，对应的相关系数为 0.2。

图 9.4-3 给出了 20070701 号洪水（2007-7-3 到 2007-7-21）在不同时刻预报的超警戒水位的风险值计算结果。从图中可以看出，风险率识别结果是合理可靠的，当水位超过警戒水位时，计算的超警概率也都较高。

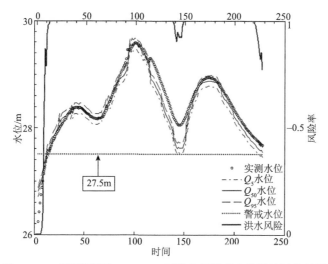

图 9.4-3　王家坝断面 20070701 号洪水超警戒水位风险计算结果

表 9.4-2 给出了 20070701 号洪水首次超过警戒水位时的风险率识别结果，从表中可以看出，当预报超警戒水位的风险率为 52%时，水位实际值是 27.44m；当预报超警戒水位的风险值为 87%时，水位实际值是 27.51m，已经超过警戒水位27.5m。

表 9.4-2　20070701 号洪水首次超警戒水位风险计算结果（部分）

时间	实测流量/（m³/s）	实测水位/m	Q_{50}预报	90%置信区间预报	预报超警戒水位风险/%
2007 年 7 月 3 日 16:00	2710	28.35	2520	[2400, 2650]	0.9
2007 年 7 月 3 日 18:00	2880	27.44	2710	[2570, 2850]	52
2007 年 7 月 3 日 20:00	2830	27.51	2880	[2740, 3030]	87
2007 年 7 月 3 日 22:00	2950	27.57	2830	[2690, 2980]	79

表 9.4-3 给出了 20170709 号洪水首次超过警戒水位时的风险率识别结果，从表中可以看出，当预报超警戒水位的风险值为 86%时，水位实际值是 27.47m；当

预报超警戒水位的风险值为 92%时，水位实际值是 27.49m；而当预报超警戒水位的风险值为 96%时，水位实际值是 27.53m，已经超过警戒水位 27.5m。这表明基于概率预报成果对超警戒水位的风险率进行分析，能提供更多有效信息以判别防洪形势及风险。

表 9.4-3   20170709 号洪水超警戒水位风险计算结果（部分）

时间	实测流量/ （m³/s）	实测 水位/m	Q_{50} 预报	90%置信 区间预报	预报超警戒水位 风险/%
2017 年 7 月 11 日 12:00	2950	27.47	2890	[2700，3090]	86
2017 年 7 月 11 日 14:00	3010	27.49	2950	[2760，3160]	92
2017 年 7 月 11 日 16:00	3050	27.53	3010	[2810，3220]	96
2017 年 7 月 11 日 18:00	3000	27.53	3050	[2850，3260]	98
2017 年 7 月 11 日 20:00	2950	27.51	3000	[2800，3210]	96

从表 9.4-2 和表 9.4-3 可以看出，当发生水位接近警戒水位时，其预报的风险都在 80%以上，也就是说，当预报的超警戒水位风险率在 80%以上时，可认为警戒水位被超过的可信度较高，宜采用适当的防洪泄流措施以控制洪水风险。

参 考 文 献

[1] 梁忠民, 钟平安, 华家鹏. 水文水利计算. 北京: 中国水利水电出版社, 2008.

[2] 张明, 金峰. 结构可靠度计算. 北京: 科学出版社, 2015.

[3] 李典庆, 周建方. 结构可靠度计算方法述评. 河海大学常州分校学报, 2000(1): 34-42.

[4] 胡德秀, 周孝德. 均值一次二阶矩法在水质非突发性风险分析中的应用. 西北水资源与水工程, 2003, 14(1): 18-20.

[5] 陈东初, 梁忠民, 栾承梅, 等. JC 法在鄱阳湖廿四联圩漫顶风险分析中的应用. 水电能源科学, 2013, 31(6): 141-143.

[6] 宋松柏. Copulas 函数及其在水文中的应用. 北京: 科学出版社, 2012.

[7] 刘和昌, 梁忠民, 姚轶, 等. 基于 Copula 函数的水文变量条件组合分析. 水力发电, 2014, 40(5): 13-16.